Pythonを使った数値計算入門

数論から円周率、分子の拡散まで

著者：岡本 久・柳澤 優香

まえがき

本書の目的はコンピュータに親しみながら数学の問題を解くことである。数学は紙と鉛筆さえあればできると言われていた時代もあったが、デジタル人材の育成が急務であると叫ばれているときに、「定義・定理・証明・終わり」というだけの数学では不十分である。美しい数学が世の中で大いに役立っているというのは事実であるが、それはコンピュータを介して初めて言えることである。したがって、数学を学ぶ学生もコンピュータ音痴ではいけない。そして、数値計算することによって初めて開けてくる世界を見るべきである。

そうは言ってもパソコンはネットサーフィンくらいしかできないという人も多かろう。本書ではそういう人も対象にし、数学的な考え方とコンピュータの利用が密接に結びついていることを学べるように目標を設定している。本書では大学 1 年か 2 年のプログラミング初学者を対象とし、初等的な問題をコンピュータで解くという作業によってこの目的を達成しようと思う。

コンピュータの言語には多くの種類がある。C や Julia といったものが思い浮かぶ。あるいは MATLAB とか Mathematica といった統合型のものも大学によっては学生が自由に使える場合もある。他にもいろんな候補がある。ここでは Python を使ってみる。その理由はこれがフリーであり、ユーザーも多いからである。Python をマスターするのが目的ではないので、いかにも Python らしいプログラミングは採用しない。むしろどんなコンピュータ言語でも共通の考え方でなんとかなる題材を選んである。本書の問題を見ていただければ、なぜ紙と鉛筆だけでは不十分なのかわかっていただけると思うので、ここではこれ以上述べない。

本書の使い方： 本書は学習院大学理学部数学科で行ってきた講義の資料をまとめて改訂したものである。高校数学の知識があれば理解可能な問題も多いから、他の理工系の授業や文系学部でも利用は可能であると思う。ただ、大学 1 年で習う線形代数は知っていた方がよい。コンピュータに対する知識は最小限のものしか仮定していないつもりである。高級なアルゴリズムを勉強するためのものではなく、広い意味の数理科学とコンピュータを一緒に学ぶことを目標としている。

よく言われることであるが、数学は問題を解くことで理解が深まってゆく。評論家にとどまっていてはいけない。頭と手とキーボードを使って問題を解いてほしい。

本書を授業で使うときには： 大学 1 年間の講義に使うことを念頭に置いていて、各節がひとコマで行えるように配慮したつもりである。具体的には、最初の 3 章に 13 個の節があるので、毎週 1 節ずつ講義（実習）してゆけば半年の講義になると思う。残りの第 4 章から第 6 章は 1 年間の後半に使うこととし、前半よりも多少なりとも難しい問題を選んである。

各節ごとの分量が少ないと思われるかもしれないが、授業でパソコンを使いながらやっていると、「先生のおっしゃる通りにしているのですが、動きません」といった学生がたくさん出てくるので、どこがいけないのか説明しながらやっていると、この程度で十分であると思う。ただし、問題は宿題にするのではなく、少なくともその中のいくつかは授業中にやらせることを想定している。

コンピュータに苦手意識を持っている人へ： コンピュータは苦手という人は結構多い。また、数学を学ぶのにコンピュータはいらない、と明言する教師もいる。しかし、これからはそれでは済まないと思う。急激な進歩によって、20年前とは比べ物にならないほどコンピュータは使いやすくなっている。だから、食わず嫌いはやめて、ぜひコンピュータによる数値計算の世界に入ってほしい。コンピュータは進歩しているが、これはコンピュータを全面的に信頼してよいということではない。やはり人間の英知が必要なことも多い。そんな場面を発見すると楽しい。そういう経験をする人が本書を通じて増えてもらえれば著者の大きな喜びである。

なお、本書は Jupyter Notebook version 6 を元に書いている。最新の version 7 では使い方が異なっている可能性があることにご注意いただきたい。

2025年2月
岡本 久・柳澤 優香

目次

第3章 応用

第4章 数論の問題

第5章 解析学の話題から

第6章 さらなる応用

付録A 解答例

第1章

基礎的な使い方

とりあえず、コンピュータを動くようにして、簡単な計算ができるようにする。その後、コンピュータの最も得意とする繰り返し計算ができるようにする。そしてグラフを描く方法を学ぶ。

1.1　講義の目標と簡単な計算

ここでは、Python のインストールから最初の計算までを扱う。まずは電卓的な使い方から始めてみよう。

1.1.1　準備

この講義では Python を使う。Python は多くの大学のコンピュータに標準で備わっているし、フリーソフトだから自宅で使うことも簡単である。プログラミングの授業ではないから、それほど複雑なプログラムを書くことは要求しない。したがって Python でも十分である。高価なソフトウェアの中にはもっと簡単に結果を出せるものもある。しかし、フリーであるということは大きなメリットであるから、ここでは Python を使用することにする。

Python はフリーソフトである。誰でも無料でダウンロードできる。Python を使うには Anaconda をインストールするのが便利である。

`https://www.python.jp/index.html`

Python にもいくつかの使い方があるけれども、ここでは Anaconda をインストールして、Jupyter Notebook から Python を使うという方法を採用する。Jupyter Notebook を使わなくても Python は使えるし、そうしてもかまわないが、コマンドの使い方などで若干の違いが生ずることは心得ておくべきである。

`https://www.anaconda.com/products/individual`

よりフリーでダウンロードできる。ここから Anaconda Indivisual Edition をダウンロードする。有料のバージョンやその他の宣伝が出てくるかもしれないが、無視してよい。不用意なクリックをしない、というのはインターネットユーザーの心得である。

さて、インストールが終わると、Windows であれば、スタートメニューに Anaconda フォルダーが見える。その下に Jupyter Notebook があるはずだから、これをクリックすると、Jupyter Notebook というページがブラウザーの中に現れる。右上の方に New が見えるので、これをクリックするといくつか項目が見えるが、Python 3 を選ぶと入力が可能になる。試しに $3+4$ と入力して、Shift キーを押しながら Enter キーを押すと、7 という答が返ってくるはずである。$3+4$ の後、単に Enter キーを押すだけでは次の行に移るだけで答は返ってこない。$x=3+4$ の後、Enter キーを押して次の行に移り、そこに $x+5$ と入力し、Shift キーを押しながら Enter キーを押すと、12 という答が返ってくるはずである。

この notebook をセーブしておけば次回からは新たにつくる必要はなく、前回のものを使えばよい。セーブするには、File をクリックして、 Save as を選ぶ。名前を入力すると、セーブされる。右上の方に見える logout をクリックすると logout できる。次に Jupyter Notebook を立ち上げると、先ほどセーブした***.ipynb というノートブックが見つかるはずである。これをクリックすると、前回終わったところから再スタートできる。

さて、入出力にかかわる操作をする際に、ユーザーが現時点で作業を行っているディレクトリー（Working Directory）を知っておく必要がある。これを示すには、Python では pwd と入力すればよい。pwd() としてもよい。画像やプログラムを保存したもののどこに保存したのかわからなくなったとき、pwd とすればわかるであろう。

本書に書いてあるプログラムは自分でキーボードから入力して実行してほしい。さらに、パラメータを少し変えてどういう数値が返ってくるか確かめるのもよい。たとえば、1 から 10 まで計算せよというのを 1 から 100 まで計算せよと変えて実行してみるのである。こうすると、感覚が身につくことが多い。プログラムのたった一カ所を変えるのに先頭から全部打ち直すのは面倒である。こういうときは↑が描かれたキーを押してみよう。すると、直前の行にカーソルが移る。そうすれば ← や → キーを使うことによって移動して、一カ所だけピンポイントで修正することができる（↑キーを 2 回押すと 2 行上に戻る）。

パソコンによっては↑キーがないものもある。そういうときでも PgUp と書かれたキーがあるかもしれない。これが同じ役割を果たすはずである。

前もって私たちの経験を申し上げる。「先生のプログラムと同じものを書いたんですが動きません」と言われることがよくある。こうしたものの大半はミスタイプである。たとえば、以下はよくある間違いである。質問の前によく見直してみよう。

- **半角のスペースのつもりが、全角のスペースだった**
- **1（数字のいち）と l（アルファベットのエル）を取り違えている**
- **ピリオド . と カンマ , を取り違えている**
- **コロン : とセミコロン ; を取り違えている**
- **スペースがあるべきところになかった、あるいはその逆**
- **[と (の取り違え**
- **コピー & ペーストをするとき、半角の引用符 ' が全角の引用符’ になる**

また、必要条件と十分条件を取り違えていると問題の意味が見えてこないということもある。すべての n についてこうせよ、と言われているのか、これこれの n が存在していることを示すことが求められているのか、理解していないケースもまま見られる。問題文はよく読もう。

変数の型

C や FORTRAN では変数の型を気にする必要があるが、Python では初めのうちはその必要はあまりない。自動的に変数の型を割り振る[1]ようだ。たとえば $x = 2$ と入力すれば x は整数型 int になる。ある変数の型が何であるかは type で調べることができる。試しに、次のように入力してみよ。

```
x=2 ; type(x)
```

これは

```
x=2
type(x)
```

と入力しても同じことである。; は、その前後のコマンドを続けて実行させるときに、短いもの

1　変数に型がないということではない。型は存在するが、ユーザーは型を意識しないでも最小限のことはできるようになっている、というのが正しい言い方である。

を 1 行に入れることができるので便利である。2 行で入れるときには、$x = 2$ で Enter キーを押す。すると次の行に移る。そこで type(x) と入力し、Shift キーを押しながら Enter キーを押す。すると 2 行の命令が実行される。

float とは、倍精度ともいう。$x = 2$ ではなく、$x = 2.0$ とすれば x は float 型になる。10 進法でだいたい 15 桁程度であると覚えておけば十分である。15 桁というと 1000 兆の大きさであるから、実用上はこれで十分なことが多い。しかし、数学の問題には、これでも精度が不足することがある。そういうときにどうするかは後で述べる。

1.1.2　電卓として使ってみる

以下、読むだけでなく実際にキーボードから入力してそうなることを確かめよ。

数学的な関数を使うためには math というモジュールをインストールする必要がある。まず最初に

```
import math
```

を実行しよう。(Shift + Enter を忘れずに！）意味がわからなくても、おまじないであると思って先へ進もう。18 世紀の数学者ダランベールは言った：「**先へ進め！　正しいことをやっているという自信は後からついてくる**」。

円周率は math.pi という変数に格納されている。

```
math.pi
```

答は 3.141592653589793 と出力される。

自然対数の底[2] e は math.e である。あるいは、指数関数を使って

```
math.exp(1.0)
```

とやっても同じ値が返ってくる。

$\sin \pi$ を計算させるには次のようにする。

```
math.sin(math.pi)
```

ここで、答が 1.2246467991473532e-16 と表示され、値が 0 ではないことに注意せよ。10^{-16} 程度の小さな数になっている。**丸め誤差**[3]が出ているからである。π のような無理数はそれに非常に近い 2 進数で近似される。したがってちょうどぴったりゼロにはならない。このことは覚えておくべきことである。たとえば、1/3 は有理数であるが、

$$\frac{1}{3} = 2^{-2} + 2^{-4} + 2^{-6} + \cdots$$

である。2 進法では $0.01010101\cdots$ と無限に続く。これをどこかで切り落として有限なものにしているので、ごくわずかな誤差が発生するのである。これを丸め誤差と呼ぶ。これに対し、2

2　世の中ではこれをネイピア数と呼んでいる人がいるが、これは歴史的事実に反する呼称である。イーと呼ぶか、自然対数の底と呼ぶようにしよう。

3　丸め誤差については第 4 章で説明するので、ここではわからなくてもよい。

は2進数で1であるし、1/2は二進表示では0.1であるから、丸め誤差は生じない。3/4も二進表示で0.11であるから丸め誤差は生じない。しかし、こういった数は例外的である。たいていの場合に丸め誤差は発生する。

文字変数に数値を代入させるときは、以下のようにする。

```
x = 3.6
y = 7.9
x-y
```

すると、-4.300000000000001という答が返ってくる。最後の1は丸め誤差によるものである。$x = 3.6$はxと3.6が等しいという意味ではない。3.6という数値をxに代入せよという命令である。

これは次のように書いても同じことである。

```
x = 3.6 ; y = 7.9 ; x-y
```

もちろん、 $3.6 - 7.9$と入力しても同じ結果となる。整数であれば丸め誤差は発生しない。$36 - 79$は正確に-43になる。

掛け算は$*$を使う。割り算は/を使う。

```
2*3*4
2*3*4/5
```

2行一緒に実行すると最後の行の結果だけ表示される。$\dfrac{3 \times 4}{6 \times 7}$は、

```
3*4/(6*7)
3*4/6/7
```

のどちらで書いてもよい。後者は数学の教科書では見慣れないものであるが、プログラムとしては何も問題はない。$3 * 4/6 * 7$は$\dfrac{3 \times 4}{6} \times 7$なので別物である。

3/4を計算させるとどうなるか？ Pythonでは実数計算を基本とする。//は整数の商を計算し、%は余りを計算する。次の三つの入力に対する出力を比べてみよ。

```
22/7
22//7
22%7
```

一番上はfloatの計算になる。2番目と3番目はそれぞれ商と余りを出し、返ってくるのは整数である。ここで空白はあってもよい。22 // 7としても22//7としても同じである。こういう空白はあってもなくてもよいが、ある種の空白は絶対になくてはならない。それについてはいろんな失敗を経験するとわかってくるであろう。

べき乗の書き方は**である。2^5というのは他の言語では使えるが、Pythonでは2**5とせねばならない。たとえば、$x^3 - 4\exp(x)$という関数の$x = 3.4$における値を計算するには

```
x = 3.4
x**3 - 4*math.exp(x)
```

とすればよい、-80 くらいの値が返ってくる。

Python にはいくつかの関数が組み込まれている。ある実数を四捨五入した整数の値がほしければ round() という関数を用いればよいし、絶対値ならば abs を用いればよい。

```
round(3.4)
abs(-3.4)
```

しかしながら、すでに見たように、三角関数などの数学的な関数は math というモジュールを import してから使うことになっている。sin ではなく、math.sin であることに注意しよう。自然対数は math.log である。平方根はよく使う関数で、math.sqrt である。math.sqrt(x) と x ∗∗ 0.5 は同じである。math.sqrt(x) を使うときは $x \geq 0$ でなければならない。

四捨五入ではなく、切り捨て、切り上げはどうするかというと、math.floor と math.ceil を使う。

```
math.floor(3.5)
math.ceil(3.5)
```

それぞれ実行してみよ。floor は床、ceil は　天井 (ceiling) から来ているので、意味はわかりやすい。

複素数

複素数も使える。虚数単位は i ではなく、j であることに注意せよ。入力の仕方は

```
a = 2+3j
```

でもよいし

```
a = complex(2,3)
```

でもよい。複素数の実部と虚部を打ち出すには、

```
a= 2 + 3j
print(a.real)
print(a.imag)
```

とすればよい。

-4 の平方根を計算しようとして

```
math.sqrt(-4)
```

としても怒られる。これは math モジュールの関数が実数を対象としているからで、math.sqrt(x) の引数 x はゼロ以上でなくてはならない。複素数用の関数を使うには

```
import cmath
```

をやらねばならない。このあと

```
cmath.sqrt(-4)
```

とすれば正しい答が返ってくる。

注意：小さな数（あるいは大きな数）の入力は、0.00000000034 と入力するよりも 3.4e-10 と入力する方が速いし間違いも少ない。

最後に一つ例題を計算してみよう。あるお金を年利 4% で 100 年間複利で預けたとき、元の金額の x 倍になるものとする。また、年利 1% で 100 年間複利で預けたとき、元の金額の y 倍になるものとする。x と y はどれくらい違うであろうか？ 複利なのだから $x > 4y$ であろうと推測できる。実際はどれくらい違うか？ $(1.04/1.01)^{100}$ を計算すればわかるように、$x/y \approx 18.67$ となる。単利と違って複利の場合には、漠然とした直感はあてにはならない。

1.1.3 整数の計算

階乗の計算

math モジュールにはガンマ関数 $\Gamma(x)$ が組み込まれているから、$n!$ は $n! = \Gamma(n+1)$ で計算すればよい。10!ならば

```
math.gamma(11)
----------------------------------------
3628800
```

と答が返ってくる[4]。

n の増加につれて $\Gamma(n)$ は急速に大きくなってゆくので、大きすぎる n については計算してくれない。gamma(100) は計算してくれるけれども、

```
math.gamma(200)
----------------------------------------
OverflowError                             Traceback (most recent call last)
<ipython-input-46-48a7ab4edef8> in <module>
----> 1 math.gamma(200)
OverflowError: math range error
```

$\Gamma(200)$ は大きすぎて計算不能と判断されている。

以下、二項係数は ${}_mC_n$ ではなく $\binom{m}{n}$ で表す。

さて、大きな n に対して二項係数 $\binom{2n}{n}$ を計算したいという状況はいくらでもある。$\binom{200}{100} = \dfrac{200!}{(100!)^2}$ は計算できないのであろうか？ 実は計算する方法はあり、それについては次節に回す。

Python の math モジュールには comb という関数があるので、これを使ってもよい。

```
import math
math.comb(200,100)
```

これで $\binom{200}{100}$ が計算できる。

Python の scipy モジュールには特殊関数のライブラリーがある。その中の binom というのを

4　以下では破線の上にあるのがユーザーの入力で、破線の下にあるのが Python からの出力であると約束する。

使ってもよい。これを使うには、

```
import scipy.special
scipy.special.binom(200,100)
```

などとすればよい。ガンマ関数を直接計算していたら無限大になるが、これらでは有限な値が返ってくる。math.comb は整数で計算するが、scipy.special.binom では浮動小数で返ってくる。浮動小数の説明は第4章でするので、ここでは実数といった意味で理解してほしい。

注意：階乗を計算するには math モジュールの中の factorial という関数を使ってもよい。math.factorial(n) は $n!$ を出力する（返す）。これは整数として計算するので、200!も計算してくれる。

フェルマー数

F_n を次式で定義する。

$$F_n = 2^{2^n} + 1 \qquad (n = 0, 1, 2, \cdots).$$

これが素数のとき、フェルマー素数と呼ばれる。フェルマー[5]はすべての非負整数 n に対してフェルマー数は素数であると予想した。$n = 0$ のとき、3。$n = 1$ のとき、5。$n = 2$ のとき、17。$n = 3$ のとき、257。$n = 4$ のとき、65537。ここまでは素数である。$n = 5$ のとき、$4294967297 = 6700417 \times 641$：したがって $n = 5$ は素数ではない。この反例はオイラーによる。

実は、証明も反証も知られていないものの、**すべての $n \geq 5$ に対してフェルマー数は素数でないと予想されている**。フェルマーの予想はまったく反対の方向に向かっていたのである。$n = 6$ のとき、

$$F_6 = 18446744073709551617 = 274177 \times 67280421310721$$

は20桁である。これだけ桁が大きいと R や Julia といったコンピュータ言語の標準的なやり方では正しく表示されない。しかし、Python では整数型の最大値は実質上なくなっており、大きな整数の計算ができる。

```
a = 2**6
b = 2**a + 1
```

こうすると F_6 を計算してくれる。

こうした大きな数の計算ができるのは整数に限る。浮動小数 (float) では限界がある。これはすでにガンマ関数のところで見た通りである。

注意：a^{b^c} と $\left(a^b\right)^c$ は別物である。後者は a^{bc} である。Python では $a ** b ** c$ と $a ** (b ** c)$ は同じものとなり、$(a ** b) ** c$ は別物である。

5　Pierre de Fermat, 160?–1665. フランスの数学者だが、本職は判事であった。300年以上証明がわからなかったフェルマーの大定理で有名であるが、解析幾何学の創始者の一人（もう一人はデカルト）でもあり、微分学の基礎でも重要な貢献があった。フェルマーは「関数の極値を与える点は、その微分係数をゼロとする点である」という定理に肉薄していた。

メルセンヌ数

$$M_n = 2^n - 1 \qquad (n = 0, 1, 2, \cdots).$$

これが素数ならばメルセンヌ[6]素数と呼ばれる。非常に大きなメルセンヌ素数が存在することが知られている（下線を引いたのは素数で、その他は合成数である）。

$$M_1 = 1, \quad M_2 = \underline{3}, \quad M_3 = \underline{7}, \quad M_4 = 15, \quad M_5 = \underline{31}, \quad M_6 = 63,$$
$$M_7 = \underline{127}, \qquad M_8 = 255, \quad M_9 = 511 = 7 \times 73,$$
$$M_{10} = 1023 = 31 \times 33, \quad M_{11} = 2047 = 89 \times 23.$$

$M_{31} = 2147483647$ は素数である（オイラー）。M_n が素数であるためには n は素数でなくてはならない。逆に n が素数でも M_n が素数とは限らない。M_{11} が反例である。M_{521} が素数であることが判明したのは 1952 年。当時の最速クラスのコンピュータが使われた（M_{521} は 157 桁）。

$$\begin{aligned} M_{521} = \ & 686479766013060971498190079908139321726 9 \\ & 4353001433054093944634591855431833976560 \\ & 5212255964066145455497729631139148085803 \\ & 712198799971664381257402829111505715 1 \end{aligned}$$

であるが、現在ではもっともっと大きなメルセンヌ素数が知られている。

素数の話になれば、与えられた自然数を素因数に分解するにはどうしたらよいかということが気になるであろう。これについては sympy モジュールを使うので、第 3 章で解説することにする。素数であるかどうかを判定する関数 isprime が sympy モジュールにあるので、それを使うと素数判定は簡単である。

```
from sympy import isprime as isp
```

を行ってから、isp(31) とすれば True という値が返ってくる。素数であるということである。isp(33) とすれば False という答が返ってくる。素数ではないという意味である。

ある整数 x が平方数であるとは、$x = y^2$ となる整数 y が存在することをいう。したがって、$0, 1, 4, 9, 16, \cdots$ が平方数である。与えられた数が平方数であることを確かめるにはどうすればよいであろうか？

多くの言語には a と b は等しいか？ とたずねる関数がある。Python では == を使う。

```
2 == 3
------------------------------------------
False
```

x が与えられたとき、その平方根は math.sqrt(x) で与えられる。しかし、こうして計算された y は float であり、整数型の変数ではない。したがって、

```
x= 2989441   ; y = round(math.sqrt(x))
x == y*y
```

6　Marin Mersenne(1588–1648) はフランスのカトリック神父。

とすればよい。

コラム：バグ

コンピュータプログラムのバグというのはプログラムの中の正しくない部分をいう。英語では bug であり、虫という意味である。たとえば ; と書くべきところに : と書けばこれはバグであり、Python は実行してくれないので、バグがあるとわかる。実行したときにメッセージが出て、間違いを指摘され、直ちに修正できることも多い。しかし、中には厄介なものもある。$n \leq 1000000$ では正しい答が返ってくるが、n が大きいときに間違った答が返って来るという場合もある。こんなとき、ほとんどのプログラムユーザーが小さな n で使っているとバグは見つからない。n が大きいときに見当違いな答が返ってきたらバグがあることに気づくけれど、ほんの少し違うだけの答が返ってきたときは正しいかどうかわからないことも多い。

したがって、プログラミングにバグはつきものである。コンピュータ初心者はこうしたバグ取りに時間を使っているうちにいやになることが多い。これはしかし、乗り越えなくてはならない試練なのだと、自分を叱咤激励するしかないように思う。コンピュータを使っていればアプリケーションのバージョンアップとか修正とか頻繁に見るものである。大企業のプロ中のプロだってバグ取りには苦労しているという証拠である。あきらめてはいけない。経験を経るとバグを見つける時間も短縮される。

問題

問題 1–1–1： Python では $\cos(\pi/2)$ の値はどういう値になるか？

問題 1–1–2： 20240606 を 7 で割ったら余りはいくつか？

問題 1–1–3： 次の式[7]を確かめよ。小数点以下、何桁まで合うか？

$$\frac{\pi^9}{e^8} \approx 10, \qquad e^6 \approx \pi^5 + \pi^4, \qquad \frac{501 + 80\sqrt{10}}{240} \approx \pi \qquad \sqrt{2} + \sqrt{3} \approx \pi.$$

問題 1–1–4： $\log x > 20$ となる最小の整数 x を求めよ。

問題 1–1–5： 自然数 n に対し gamma(n) を計算してくれる最大の n は何か？

問題 1–1–6： $\binom{2ab}{51}$ を計算し、結果を書け。ただし、ab は学籍番号（学生証番号）の最後の二桁とせよ。

問題 1–1–7： メルセンヌ数 M_{521} が上の本文中の数と一致していることを確認せよ。

7　左の二つは P. Stanbury, Math. Gaz., (1984), 222 による。3 番目は 1833 年のケンブリッジ大学の卒業試験問題である。

問題 1–1–8： 次の現象が起きることを確認せよ[8]（破線のすぐ下が出力である）。これはどう説明すべきか？ 指数法則は成り立たないのであろうか？

```
math.exp(3.0)*math.exp(7.0) - math.exp(10.0)
----------------------------------------
-3.637978807091713e-12

math.exp(13.0)*math.exp(37.0) - math.exp(50.0)
----------------------------------------
1048576.0
```

Martin Gardner (1914–2010) は様々な数学パズルを紹介したことで著名である。今でも彼の本はよく売れているようだ。ここで紹介する遊戯は「ハノイの塔」と呼ばれるもので、彼のオリジナルではないが、彼の本の中でも特に有名なものである。

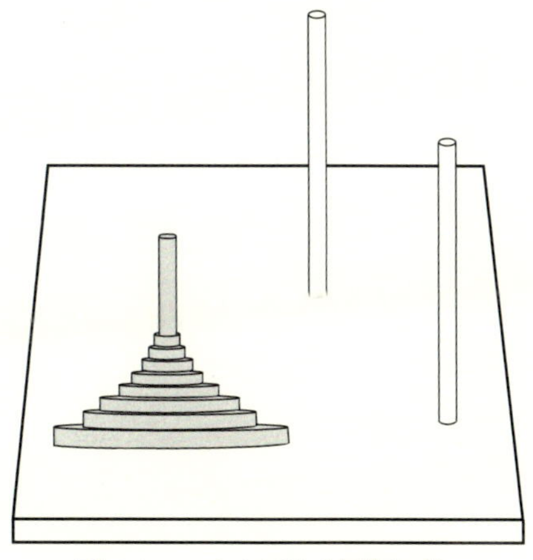

図 1.1 ハノイの塔（文献 [34]）

問題は次のように述べることができる。図 1.1 のように 3 本の縦の棒が板に垂直に固定されている。さらに、64 個の穴あきの輪（5 円玉のようなものを想像してほしい）がある棒に大きい方からはめ込まれて、一番上に一番小さな輪がくるように置かれている。すべての輪の直径は異なり、初めの状態では下から上に行くにつれて単調に減少するように並べられている。問題は、64 個の輪からできているこの塔を別の棒に移動させるにはどうすればよいかというものである。ただし、1 回に 1 個の輪しか動かせないし、大きな輪を小さな輪の上方に置くことはできない。つまり、どの時点でもどの棒でも輪の大きさは単調減少でなければならない。

問題 1–1–9： このとき、何回の操作で塔を移すことができるか？ 1 秒に 1 回の操作ができるものとし、1 年を 365 日とし、うるう年を無視して、塔の移動までにどれくらいの年数が必要か？

ヒント：64 個ではなく、2 個の場合、3 個の場合、4 個の場合、$\cdots$ を考えてみよ。輪が n 個の場合の移動操作の数を $x(n)$ とするとき、明らかに、$x(1) = 1,\ x(2) = 3$ である。3 個の棒を

8 注意：本書執筆時点で、Windows パソコンで上の症状を確認しているが、ソフトウェアは日々進化しているので、違う値が返ってくるかもしれない。また、パソコンが Apple のものであれば同じではないかもしれない。そのようなときは 13 とか 37 をもう少し大きな値にしてみよ。

A, B, C とする。n 個の輪が棒 A にのっている場合、まず $x(n-1)$ の操作で、上にのっている $n-1$ 個の輪を隣の B に移すことができる。これで $x(n-1)$ 個の操作が必要となる。このとき C はがら空きだから、A に残っている一番大きな輪を C に移す。これで 1 個の操作が増える。その後、B にある $n-1$ 個の輪の山を C に移動させると再度 $x(n-1)$ 個の操作が必要である。結局、$x(n) = 2x(n-1)+1$ を得る。

部下への報酬：昔々、松平 家康が危ないところを救ってくれた部下に感謝のしるしとして褒美を取らせようとした。生来ケチだった家康はあまり過大な要求をされても困るし、かといって余りに評価が低すぎるのも沽券にかかわると考えその部下に、「どれくらいの褒美がほしいか？」とたずねてみた。部下は答えた。「殿、ここに私の部下が 100 人おります。これから 10 人取り出すごとに 1 銭頂戴したいと思います。違う 10 人の組があればそれにも 1 銭頂戴します。ある組と別の組の中に一人でも違う侍がいたらそれは違う組であると考えます。ようするに、100 人の部下から 10 人を選ぶ仕方が n 通りあるのでしたら n 銭頂戴したいです」　家康は「なんと欲のないやつよ。けなげなやつ」と思って、即座にそれを了承した。家康は後でどう思ったか？

問題 1–1–10： この報酬には千両箱が何個いるか？　1 両は 4000 文（銭 4000 枚）とせよ。

問題 1–1–11： 次の値を計算せよ。そしてなぜそのような数値が返ってくるのか、説明を試みよ。

$$\mathrm{math.floor}\left(\frac{1}{\sin\frac{\pi}{6}}\right) \qquad \mathrm{math.floor}\left(\frac{1}{\cos\frac{\pi}{3}}\right).$$

$\sin\frac{\pi}{6} = \cos\frac{\pi}{3} = \frac{1}{2}$ だから、どちらも 2 となりそうであるが $\cdots$。

floor を使うと整数の桁数が計算できる。ある自然数 x が 10 進数で n 桁ならば $10^{n-1} \le x < 10^n$ であるから、$(n-1)\log 10 \le \log x < n \log 10$ となる。よって、

```
1 + math.floor( math.log(x)/math.log(10) )
```

が桁数である。

問題 1–1–12： $2^{127}-1$ は何桁の数か？

問題 1–1–13： $368176193567782301614538184751803187 6 = 1918791790601008126^2$ なので、36817619356778230161453818475180318 76 は平方数である。しかし、以下のようにしてみると False という返事が来る。これはどうしてか？

```
x=1918791790601008126
w = x*x
y = round(math.sqrt(w))
w == y*y
```

問題 1–1–14： 次の等式はラマヌジャン[9]による。どれくらい精度があるか？

$$\exp\left(\frac{\pi}{4}\sqrt{78}\right) \approx 4\sqrt{3}\left(75+52\sqrt{2}\right), \qquad \exp\left(\frac{\pi}{4}\sqrt{130}\right) \approx 12\left(323+40\sqrt{65}\right).$$

9　Srinivasa Ramanujan, 1887–1920. これらの等式は文献 [44] の 31 ページに見えるし、[63] にも見える。

1.2 繰り返しと条件分岐

同じようなことを何度も繰り返すことはコンピュータの最も得意とする作業である。本節の内容はどのようなコンピュータ言語でも間違いなく必要となるものであり、この節を理解しないと以下の章もまったくわからなくなる。したがって、丁寧に学んでほしい。

1.2.1 繰り返し・条件分岐

for loop

繰り返しの基本は

```
for i in range(1,7):
    print(i)
```

である。1 行目は i が $1, 2, 3, \cdots, 6$ を動くことを意味する。7 は入らない。1 行目はコロン : で終わる。2 行目はそれに応じて実行されるコマンドである。2 行目は 4 文字分だけインデント（右側にへこんでいる）ことに注意してほしい。3 文字以下だと怒られる。あるプログラミング言語では空白は何の違いももたらさないが、Python はいつもそうだというわけではない。空白（位置）には意味があるから勝手に変えてはならない。いくつかのプログラムを実行してみれば使い方はおのずとわかる。

```
for i in range(7):
    print(i)
```

とすると、i が $0, 1, 2, 3, \cdots, 6$ を動く。0 が入る。7 は入らない。

注意： $\mathrm{range}(m, n)$ は $m, m+1, m+2, \cdots, (n-1)$ を意味する。$\mathrm{range}(n)$ は $0, 1, 2, 3, \cdots, (n-1)$ を意味する。m は含まれるが、n は含まれない。m は省略できる。省略したら自動的に 0 だと解釈される。

練習問題 1　$n = 1, 2, \cdots, 7$ に対して、$\log(n)$ を計算し、結果を画面に書き出せ。

これを実行するために以下のようにしてみる。

```
for n in range(1,8):
    print(math.log(n))
```

とすると、以下のように出力される。

```
0.0
0.6931471805599453
1.0986122886681098
1.3862943611198906
1.6094379124341003
1.791759469228055
1.9459101490553132
```

下から 2 行目の最後のところに空白がある。これはそこに 0 がいるのであるが、一番最後のところに 0 があったらそれは画面には表示しないことになっているのである。ここのところだけ一桁少なく計算したわけではない。

練習問題2　$1^5+2^5+3^5+\cdots+11^5$ を計算せよ。

```
x=0
for i in range(1,12):
    x = x + i**5
print(x)
--------------------------------------------------
381876
```

簡単に説明しておこう。1行目で0という数値が x という変数にあてがわれる。2行目に入り、まず $i=1$ として次の行が実行される。したがって、$x=0$ という値に、$i^5=1$ という値が加えられ、その数値が新たに x に代入される。この段階で x の値は1になっている。次に、$i=2$ として同様の作業を行う。x の値は $1^5+2^5=33$ になっている。次に $i=3$ として、$\cdots$ と続いて $i=11$ まで実行される。

1行目で $x=0$ としているのにはわけがある。これがないと x にはまったく知らない変な数値が入っている可能性がある。これを a とする。1行目を書かずに実行すると結果として $a+1^5+2^5+3^5+\cdots+11^5$ が x に格納される。したがって、計算するときに使う変数は使う前に初期化する必要がある。$x=0$ にはこういう意味がある。

練習問題3　数列 u_n を $u_0=1/3,\ u_n=u_{n-1}(1-u_{n-1})$ で定義し、$1\leq n\leq 9$ に対して u_n を画面に打ち出せ。

```
x = 1/3
for n in range(1,10):
    x = x*(1-x)
    print(x)
------------------------------------------------
0.22222222222222224
0.17283950617283952
0.14296601127876848
0.12252673089780752
0.10751393111330378
0.09595468572986755
0.0867473840163499
0.07922227538266982
0.07294610646586225
```

（この場合、数列は単調に減少してゼロに収束してゆく）くどいようだが、プログラムの3行目は x と $x(1-x)$ が等しいということではまったくない。$x\times(1-x)$ を計算してその値を x に代入しなさいという意味である。

for loop の中に for loop を入れ込むこともできる。たとえば、正方形 $D:=[0,1]\times[0,1]$ における関数 $f(x,y)$ の積分 $\int_D f(x,y)dxdy=\int_0^1\int_0^1 f(x,y)dx\,dy$ は、N を自然数として

$$\frac{1}{N^2}\sum_{j=0}^{N-1}\sum_{k=0}^{N-1} f\left(\frac{k}{N},\frac{j}{N}\right) \tag{1.1}$$

で近似できる。$N = 100$, $f(x, y) = \log(x + y + 1)$ のときにこれを計算してみよう（以下、破線の直前までが入力ラインで、その下に出力を表示することにする）。

```
N=100 ; h = 1/N ; x = 0
for j in range(N):
    u = j*h
    for k in range(N):
        x = x+ math.log(k*h + u + 1)
x*h*h
----------------------------------------
[1] 0.6659220807730342
```

$0.671166\cdots$ が正しい値なので、あまり精度はよくない。

条件分岐

条件分岐とは、ある条件が満たされるときにこれこれの作業を行い、そうでないときには別の作業を行う、あるいは何もしない、といったことを指定することをいう。

```
if  aaaaa:
    bbbbbb
```

ここで、aaaaa という条件が満たされたときだけ、bbbbbb という命令が実行される。aaaaa の後にコロン : を置かねばならない。bbbbbb は 4 文字インデント[10]しなくてはならない。bbbbbb は複数行にわたっていてもよい。

練習問題 4　数列 u_n を $u_0 = 1/3$, $u_n = 4u_{n-1}(1 - u_{n-1})$ で定義し、$1 \leq n \leq 99$ に対して、$0.97 < u_n$ ならば u_n を画面に打ち出せ。

答：次のようにすれば 11 個の数値が打ち出される。

```
x = 1/3
for n in range(1,100):
    x = 4*x*(1-x)
    if x>0.97:
        print(x)
```

さて、これまでの例では条件が満たされなかったら何もされない。条件が満たされないときに別の仕事を命ずるならば、以下のようにする。

```
if  aaaaa:
    bbbbbb
else:
    ccccccccc
```

ここで、aaaaa という条件が満たされたときには、bbbbbb という命令が実行され、条件が満たされないときには ccccccccc という命令が実行される。

10　先頭から半角の空白を 4 個入れる。1 行目で : を入力した後で Enter キーを押すと次の行に移って自動的に 4 文字インデントしてくれるので、それをそのまま使ったらよい。

次で何が行われているのか、考えよ。

```
x = 1/3
for n in range(8):
    x=4*x*(1-x)
    if x > 0.97:
        print(x)
    else:
        print("小さい")
-----------------------------------
小さい
小さい
小さい
小さい
小さい
0.9854798342297868
小さい
小さい
```

if 以外には while というのも使える。

練習問題 5　数列 a_n を $a_0 = 1, a_n = a_{n-1}^2 + a_{n-1}$ で定義する。このとき、この数列は単調増大であるが、$a_n < 10000$ となる a_n をすべてあげよ。

```
x = 1
while x < 10000:
    print(x) ; x = x**2 + x
-------------------------------
1
2
6
42
1806
```

注意：while を使うときは**無限ループを避ける**。これは重要なことなのできちんと理解してほしい。while は ... の条件が満たされなくなったときに終了する。逆に言えば ... の条件がいつも満たされれば次の行の作業は続く。したがっていつまでたってもプログラムは終わらないということがあり得る。for i in range(n): であれば $n-1$ ステップの後に確実に終わる。たとえば上のプログラムでは x は単調増大で上に非有界であるから、いつかは終わるけれども、

```
x = 1
while  x < 10000:
     print(x) ; x = math.sin(x)*4
```

などとすれば無限ループに陥ることになる。このようなプログラムは絶対に書いてはならない。こんな馬鹿なことするわけないでしょう、と思うかもしれない。しかし、短いプログラムではこれが馬鹿なことだとすぐに気づくけど、何百行もあるようなプログラムの中ではこうした愚かなことをやってしまうこともある。

コラム：強制終了

もしも無限ループに陥ったらどうするか？ あるいは、ほんの数分で計算が終わると思っていたのに、何時間たっても終わらないという事態に直面したらどうするか？ そういうときにはプログラムを強制終了する以外に道はない。そういうプログラムは実行番号のところに * が表示されてそのままになっている。その行を選択して（クリックして）その後、Jupyter Notebook の上から 3 行目くらいに黒い四角 ■ があるので、その四角をクリックするとそのプログラムは終了されることになっている。あるいは、Kernel → interrupt としても終了される。しかし、中にはそれでも終了しないプログラムもある。そのときには Jupyter Notebook ごと終わらせるしかない。

ここまで、比較演算子 $x < y$ というのを使ってきた。上の $x < 10000$ などである。ここで、こうした比較演算子をまとめておこう。

よりも小さい	<	よりも大きい	>
以下である	<=	以上である	>=
ぴったり等しい	==	等しくない	！=

1.2.2 ユークリッドの互除法

ユークリッドの互除法は大変重要で基本的なアルゴリズムであるから、**コンピュータを使う人はすべからくこれを知っているべきである**。英語では Euclid's algorithm という。互除というのは日本語への意訳である。2300 年ほど前に書かれた『原論』[11]に出てくる方法である。古いけれども極めて効率のよい方法である。

二つの自然数 a, b が与えられたとき、それらの最大公約数を求める方法がユークリッドの互除法である。例で覚えるのが一番である。

a を b で割った余りを計算する。これを新たに a とする。次に、b を a で割った余りを新たに b とする。次に、a を b で割った余りを新たに a とする。次に、b を a で割った余りを新たに b とする。これを繰り返してゆくといつか割り切れる。その直前の値が最大公約数である。

これをプログラムにするにはどうしたらよいか？

```
a = 357 ; b = 765
while b>0:
    r = a % b ; a = b ; b = r
print(a)
------------------------
51
```

a と b、あるいは x と y を入れ替えるテクニックに注意せよ。これはどの言語でも同じである。

11　原論の中でユークリッドは我々もよく知っている幾何学の理論を展開しているのであるが、こうした数論の題材も取り扱っている。なお、ユークリッドは英語読みであり、ギリシャ語ではエウクレイデスという。

ただ、Python では（また Julia でも）こうした操作をもっと簡単に書くことができる。上のプログラムは

```
a = 357 ; b = 765
while b>0:
    a,b = b, a % b
print(a)
-------------------------
51
```

と書いても同じことであり、こう書いた方が見やすい。

補足： math モジュールには最大公約数を計算する関数 gcd(a,b) が入っている。これを使うことにすれば上のようなプログラムを書く必要はない。しかし、プログラムに慣れるためには上のような経験を一度はしておくべきである。a と b を様々に与えて、上のプログラムの出力と $\mathrm{math.gcd}(a, b)$ が等しくなっていることを確かめよ。

問題

問題 1–2–1： 数列 u_n を $u_n = \sin(n)$ で定義する。$1 \leq n \leq 100$ のうち $u_n < -0.96$ となる u_n を列挙せよ。

問題 1–2–2： 次の無限級数はオイラー[12]が初めて求めたものである。

$$\frac{\pi^2}{6} = \sum_{n=1}^{\infty} \frac{1}{n^2}.$$

これが正しいことを数値的に確認せよ。すなわち、大きな N をとって、$\displaystyle\sum_{n=1}^{N} \frac{1}{n^2}$ を計算し、それと $\pi^2/6$ との誤差が小さいことを確認せよ。

また、次式もオイラーによる。これも確認せよ。

$$\frac{\pi^3}{32} = \sum_{n=1}^{\infty} \frac{(-1)^{n-1}}{(2n-1)^3}.$$

問題 1–2–3： 216221 と 286597 の最大公約数を求めよ。また、最小公倍数はいくらか？

問題 1–2–4： ユークリッドの互除法は必ず有限回の手続きで終わることを証明せよ。

問題 1–2–5： 不定方程式 $476263x - 725911y = 1$ には整数の解 x, y はあり得ないことを証明せよ。

問題 1–2–6： 無限ループとは何か？ そしてそれはなぜ避けねばならぬのか？ 200 字以内で答えよ。

問題 1–2–7： 大きな n に対して二項係数 $\binom{2n}{n}$ を計算したいという状況はいくらでもある。ガン

12　Leonhard Euler, 1707–1783.

マ関数を使っていたら $\binom{200}{100} = \dfrac{200!}{(100!)^2}$ は計算できない。しかし、

$$\binom{2n}{n} = \frac{2n \cdot (2n-1) \cdot (2n-2) \cdots (n+2)(n+1)}{n \cdot (n-1) \cdot (n-2) \cdots 2 \cdot 1}$$

であるから、for loop を使えばできる。これを実行せよ。

ヒント：$x = n + 1$ とし、まず最初に、x に $(n+2)/2$ を乗じ、次に $(n+3)/3$ を乗じ、$\cdots$。

問題 1–2–8： 1 から 20 までの自然数 n に対し、$n^2 - 1$ と $n^2 + 1$ の最大公約数を求めよ。この結果から何が想像できるか？ そして、あなたはそれを証明できるだろうか？ $n^2 + 3$ と $(n+1)^2 + 3$ についても同様の問題を考えよ。

問題 1–2–9： 1 から 20 までの自然数 n に対し、$n^3 + 10$ と $(n+2)^3 - 9$ の最大公約数を計算せよ。この二つの数はすべての自然数 n について互いに素であるか？（この問題は文献 [71] から引用した。）

問題 1–2–10： $n > 1$ とする。$1 + 2^2 + 3^2 + \cdots + n^2$ が平方数となる最初の n は何か？

問題 1–2–11： 次の不等式を満たす最小の自然数 N を求めよ。

$$\sum_{n=1}^{N} \frac{1}{\sqrt{n}} > 2024.$$

問題 1–2–12： $4700063497 = 893 * 5263229$ である。これを n とおく。このとき、2^n を n で割った余りが 3 となることをコンピュータで確かめよ[13]。直接計算しても結果は出るが、そこそこ時間がかかるはずである。上に書いた $893 * 5263229$ という素因数分解をうまく使うと一瞬で答が出る。

問題 1–2–13： $x_1 = 0, x_2 = 1$ とし、漸化式 $x_{n+1} = x_n + \frac{x_{n-1}}{n-1}$ $(n \geq 2)$ で数列を定める。このとき、$\displaystyle\lim_{n\to\infty} \frac{n}{x_n}$ の値を推測せよ。

1.3 リスト (list)、配列 (array)、グラフ

C や FORTRAN では一次元配列であるが、Python ではそれに対応するのは list あるいは array である。本節ではそれらの使い方を紹介する。

1.3.1 リスト

リストを定義し、その成分の最大値、最小値、平均値、中央値を計算させてみよう。単に平均値と言えば相加平均のこととする。また、$a_1, a_2, \cdots, a_n$ の中央値 (median) とは、これを小さい方から順番に並べ替えたときの真ん中の値をいう。n が奇数のときは真ん中の値と言って何も

13 この結果は D.H. Lehmer によるという（文献 [40]）。

問題はないが、n が偶数のときは $n/2$ 番目の値と $n/2+1$ 番目の値の平均を中央値と定義する。次のように入力してみよ。

```
x = [1,2,3,4,5,10]
print(max(x))
print(min(x))
----------------------------------------
10
1
```

1行目は右辺のリストを定義してそれを x に格納している。この場合、リストの長さは6であるが、いくつでもよい。x をベクトルとみなせば、その成分は $x[i]$ である。したがって、線形代数でおなじみの表記をすれば、$x=(x[1],x[2],x[3],x[4],x[5],x[6])$ の意味となる。ここで注意しなければならないのは、**Python ではリストの番号は 0 から始まる**ということである。したがって、x は $[x[0],x[1],x[2],x[3],x[4],x[5]]$ である。したがって、$x[0]=1$ であり、$x[5]=10$ である。

中央値 median と平均値 mean は numpy あるいは statistics モジュールを import しないと使えない。すなわち

```
import numpy as np
```

を行ってから、次のように入力する。

```
print(np.median(x))
print(np.mean(x))
----------------------------------------
3.5
4.166666666666667
```

numpy は以下でも多用されるモジュールである。数学の関数は math にも numpy にもあるが、同じとは限らないので注意を要する。長いので np と縮めて使うことが多い。import numpy as np はこの意味である。こうしたときはたとえば指数関数を使うときには np.exp と入力することになる。import numpy とすれば、numpy.exp と入力することになる。

リストを入力した後で、一カ所入力間違いがあったのでそこだけ直したいと思ったら、単に

```
x[3] =4.5
```

などとすればよい。

上のように成分を並べて書いたらリストは定義できる。しかし、これでは長いリストをつくるときには不便である。

$$[1,2^2,3^2,\cdots,20^2]$$

を y に格納するにはどうすればよいか？ まずは $y=[0,0,\cdots,0]$ を定義して、その後に成分 $y[i]$ を定義すればよい。

```
y = [0]*20
```

```
for i in range(20):
    y[i] = (i+1)**2
```

print(y) とすれば内容がわかる。1 行目は長さ 20 ですべての成分が 0 である配列を定義しているのだとみなしてもよい。

```
y = list(range(20))
```

こうやっても長さ 20 のリストができる。

リストとリストの足し算もできる。

```
x = [1,2,3] ;  y = [4,5,6] ; x+y
-------------------------
[1, 2, 3, 4, 5, 6]
```

そうではなくて、ベクトルとみなして足し算するには、Numpy を使うべきである。

```
import numpy as np
x = np.array([1,2,3]) ; y = np.array([4,5,6]) ; x+y
-------------------------
array([5, 7, 9])
```

成分ごとの掛け算を行うには、

```
x*y
-------------------------
array([ 4, 10, 18])
```

成分ごとに掛け算してその成分の和を取ればベクトルの内積になる。したがって、

```
np.sum(x*y)
```

は x と y の内積になる。ベクトルの内積を計算するには、numpy の dot という関数を使うこともできる。これは 2.1 節の数値線形代数のところで使う予定である。

前節で使った range(10) などというのもリストである。だから、次のような使い方もできる。

```
q = [1,2,10,11,12]
for i in q:
    print(i)
-------------------------
1
2
10
11
12
```

1.3.2 numpy と array

以上見てきたように、数値計算で必要となるのは list ではなく array である。両者は表面的には同じように見えるが、その使い勝手は違う。どう違うかの説明は省略する。その違いに関する

理解が曖昧であっても困らないような話題のみを使うようにしている。ここでは以後、numpy を使うことを前提に話を進める。

numpy で等間隔の数列をつくるには、arrange もしくは linspace を用いる。arrange は間隔の幅を指定し、linspace では数列の個数を指定する。

```
x = np.arange(0,1,0.1) ; print(x)
----------------------------
array([0.0, 0.1, 0.2, 0.3, 0.4, 0.5, 0.6, 0.7, 0.8, 0.9])
```

arange(a,b,c) は、$a \leq t < b$ を c の間隔でとった数列になる。c を省略すると 1 とみなされる。b は入らないことに注意せよ。

```
x = np.arange(0,11) ; print(x)
-------------------------------
array([0,1,2,3,4,5,6,7,8,9,10])

x = np.arange(0,2,0.3) ; print(x)
-------------------------------
array([0.0,0.3,0.6,0.9,1.2,1.5,1.8])
```

これに対し linspace(a,b,n) は個数 n を指定する。a が初項、b が最終項である。**b も配列に含まれることに注意しよう**。だから $(b-a)/(n-1)$ の間隔で数列がつくられる。

```
np.linspace(0,1,8)
---------------------------------
array([0.        , 0.14285714, 0.28571429, 0.42857143,
       0.57142857, 0.71428571, 0.85714286, 1.        ])
```

$a > b$ であっても構わない。

```
np.linspace(10,1,7)
----------------------------
array([10. ,  8.5,  7. ,  5.5,  4. ,  2.5,  1. ])
```

1.3.3 plot

データというものはそのままではわからないものである。何らかの可視化を行わねばならない。一番単純なのはリストあるいはベクトルの plot である。データのヒストグラムを描くことも大事である。また、二つのデータセットの相関を見るために散布図を描いたりすることも重要である。Python ではこうしたことが簡単とは言いがたいが、まあできることはできる。

注意：単にグラフを描くだけならば gnuplot などといったフリーソフトの方が機能も多く、使いやすい。様々な数学ソフトウェアには得手と不得手があるので、特徴を理解して使うことが大事である。Python の描画機能には不満がないわけではないが、まずまずの使いやすさなので、ここではそれを解説する。

plot の基本

Python には様々な描画用のモジュールが存在する。ここでは matplotlib というものを用いることにする。

```
import numpy as np
import matplotlib.pyplot as plt
```

これでモジュールのインストールが終わる。そして、$[-1,1]$ を 99 等分すると（端点も込めて 100 個の分点をとると）

```
x = np.linspace(-1,1,100)
y = x**3 - x
plt.plot(x,y)
```

とやれば $-1 \leq x \leq 1$ における $y = x^3 - x$ のグラフができる。100 ではなく、10 個にすればいかにも折れ線であることがわかる。こんな簡単な関数ではなく、もっと激しく振動する関数を描くときには 100 ではなく、もっと大きな数にする。

$0 \leq x \leq \pi$ における $y = \sin x$ のグラフを描くには、

```
x = np.linspace(0,math.pi,100)
y = math.sin(x)
plt.plot(x,y)
```

とすればよいように思えるが、sin などはスカラーにしか使えない、と怒られてしまう。numpy の三角関数はベクトル（配列）にも使えるので、

```
x = np.linspace(0,math.pi,100)
y = np.sin(x)
plt.plot(x,y)
```

であればよい。

次のようなデータファイルがある。

5.0, 6.6, 9.5, 12.8, 17.8, 21.5, 25.8, 26.4, 23.6, 16.8, 12.3, 6.7

これは気象庁の発表している 1960 年の東京における月ごとの平均気温[14]で、左から順に 1 月、2 月, $\cdots$, 12 月の気温である。これをベクトル y とせよ。すなわち、

```
y=[5.0,6.6,9.5,12.8,17.8,21.5,25.8,26.4,23.6,16.8,12.3,6.7]
plt.plot(y)
```

で折れ線グラフができる。plot(x,y) ではなく plot(y) とすると、x が省略されたものとみなし、$[0,1,2,\cdots]$ を自動的に入れて図を描くことになる。各々の頂点にマーカーをつけるには

```
plt.plot(y,marker='o')
```

とすればよい。marker には様々な種類が用意されている。それらは、インターネットで公開されているから、自分で好きなものを探してみればよい。マーカーの大きさも指定できる。

14　こうしたデータは気象庁がホームページで公開しているので、誰でも無料で手に入れることができる。

```
plt.plot(y,marker='o',markersize=10)
```

などとしてみればよい。しかし、まだおかしなところがある。x 軸の目盛りが 0 から 11 までになっている。これを直すには x のリストを作成して、y を plot せよ、とする代わりに、x,y を plot せよ、と命令する。

```
x = range(1,13)
plt.plot(x,y,marker="o")
```

などとすればよい。

線はデフォールトでは実線であるが、linestyle によって破線なども選べる。太さは linewidth で指定できる。試みに次のようにやってみよ。

```
plt.plot(x,y,marker='o',linewidth=3,linestyle='dashed')
```

しかし、これだけでは余りに単純すぎる。もっとグラフを読みやすくしてみよう。座標軸のラベルをつけるには

```
plt.plot(x,y,marker='o',linewidth=3,linestyle='solid')
plt.title("Tokyo Temperature 1960")
plt.xlabel("months")
plt.ylabel("temperature")
```

などとしてみればよい。各行が何をしているのかは自明であろう。

横軸は 2 ずつの目盛りとなっている。これを 1 ずつにするには、xticks を使う。

```
plt.plot(x,y,marker='o',linewidth=3,linestyle='solid')
plt.title("Tokyo Temperature 1960")
plt.xlabel("months")
plt.ylabel("temperature")
plt.xticks(range(1,13))
```

2020 年の東京の月別平均気温は以下の通りである。

$$z = [7.1, 8.3, 10.7, 12.8, 19.5, 23.2, 24.3, 29.1, 24.2, 17.5, 14.0, 7.7]$$

そこで、

```
y=[5.0,6.6,9.5,12.8,17.8,21.5,25.8,26.4,23.6,16.8,12.3,6.7]
z=[7.1,8.3,10.7,12.8,19.5,23.2,24.3,29.1,24.2,17.5,14.0,7.7]
x = range(1,13)
plt.title("Tokyo Temperature 1960&2020",fontsize=14)
plt.xlabel("months",fontsize=14)
plt.ylabel("temperature",fontsize=14)
plt.xticks(range(1,13),fontsize=14)
plt.yticks(fontsize=14)
plt.plot(x,y,marker='o',linewidth=3,linestyle='solid')
plt.plot(x,z,marker='o',linewidth=3,linestyle='dashed',color='red')
```

とする[15]と、1960 年の気温グラフを描いてその後 2020 年の気温グラフを描くことになる。こうして図示してみると、図 1.2 を得る。平均して言えば暑くなっているということが一目でわかる。ただ、7 月だけは例外である。これは 2020 年 7 月が異様に雨の多い月だったからである。

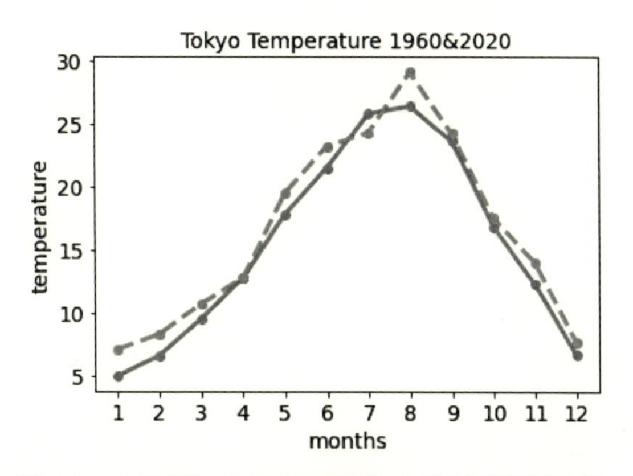

図 1.2　1960 年と 2020 年の東京における月別平均気温

棒グラフは

```
plt.bar(range(1,13),z)
```

で描くことができる。

1.3.4　曲線の plot

パラメータ表示された平面曲線を描いてみよう。アルキメデスの螺旋は極座標を用いて $r = \theta \ \ (0 \leq \theta \leq 2\pi)$ と表される。これを描いてみよう。

```
t = np.linspace(0,np.pi*2,200)
x= t*np.cos(t) ; y = t*np.sin(t)
u = max(x) - min(x) ; v = max(y)-min(y)
plt.rcParams['font.family'] = 'Times New Roman'
plt.figure(figsize=(u,v))
plt.xticks(fontsize=20)
plt.yticks(fontsize=20)
plt.xlabel("x",fontsize=40,fontstyle='italic')
plt.ylabel("y",fontsize=40,fontstyle='italic')
plt.plot(x,y,color='black',linewidth=5)
```

こうすると図 1.3（左）を得る。

パラメータ表示された空間曲線を描くには次のようにする。いわゆる螺旋 $x = \cos z, y = \sin z \ \ (0 \leq z \leq 20)$ を描いてみよう。

```
import numpy as np
import matplotlib.pyplot as plt
from mpl_toolkits.mplot3d import Axes3D
```

15　このプログラムでは文字のフォントの大きさを 14 としている。フォントの種類も例えば fontname='Times New Roman' というように指定可能である。fontstyle='italic' などとすると、ローマンやイタリックの指定も可能である。

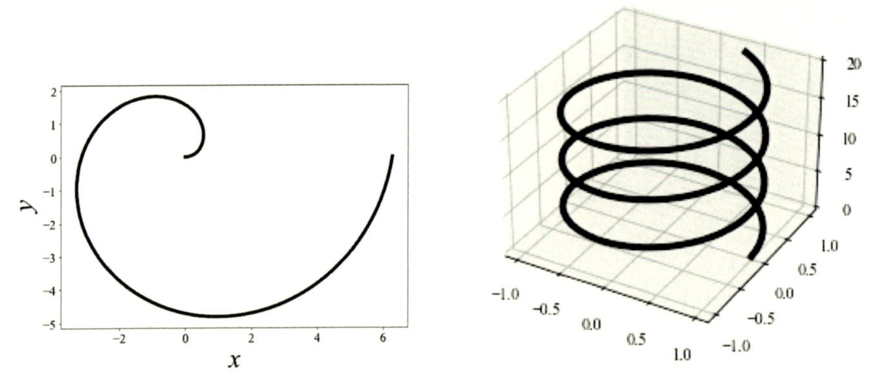

図 1.3　アルキメスの螺旋（左）、空間内のコイルのような螺旋（右）

```
ax = plt.subplot(projection='3d')
z = np.linspace(0,20,200)
x= np.cos(z) ; y = np.sin(z)
ax.plot(x,y,z,linewidth=3)
```

これで図 1.3（右）を得る。

曲面 $z = f(x, y)$ の 3 次元 plot もできる。$f(x, y) = x^2 + y^2 - 1$ を例にとると、次のようになる。

```
ax = plt.subplot(projection='3d')
z = np.linspace(0,20,200)
x=np.linspace(-2,2,100) ; y = np.linspace(-2,2,100)
u,v= np.meshgrid(x,y)
w = u*u + v*v-1
ax.plot_surface(u,v,w,cmap='plasma')
```

これで図 1.4 を得る。cmap という変数は color map の略である。どういうカラーマップがあるかは、インターネット上の Python のドキュメントに見ることができる。たとえば、plasma を

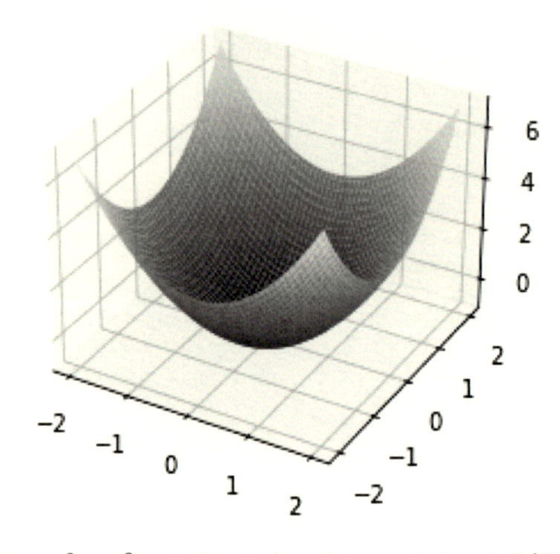

図 1.4　曲面 $z = x^2 + y^2 - 1$ の $-2 \leq x \leq 2,\ -2 \leq y \leq 2$ における可視化

spring とか BrBG とかに変えてみよ。さらに細かい設定も可能であるが、ここでは省略する。

1.3.5 散布図

二つのデータの散布図 (scatter plot) もよく使われる。x と y を同じ長さのベクトルとするとき、scatter(x,y) は二つのデータの散布図を描く。たとえば、5 人の体重が y に、身長が x に入っていたとせよ。

```
y = [56,55,65,66,64]
x = [170,160,185,179,174]
plt.xlabel("height",fontsize=24)
plt.ylabel("weight",fontsize=24)
plt.xticks(fontsize=14)
plt.yticks(fontsize=14)
plt.scatter(x,y,color='red',s=80)
```

これで散布図ができる（図 1.5）。ここで s はマーカーの大きさを指定するパラメータである。$s = 80$ というのは省略してもよい。いろいろと変えてみると自分にとって見やすい図を描くことができる。

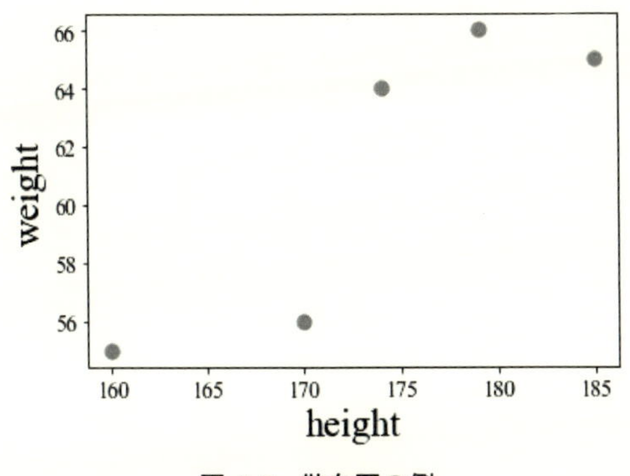

図 1.5 散布図の例

各自、大阪の気温と東京の気温の散布図を描いてみよ。極めて強い相関があることがわかるであろう。

ちなみに、二つのデータセットの相関係数 (correlation coefficient) というものがあり、

$$r_{xy} = \frac{\sum_{j=1}^{n}(x_j - \bar{x})(y_j - \bar{y})}{\sqrt{\sum_{j=1}^{n}(x_j - \bar{x})^2}\sqrt{\sum_{j=1}^{n}(y_j - \bar{y})^2}}$$

のことをいう。ここで、$\bar{x}$ は x の平均であり、$\bar{y}$ は y の平均を表す。Python では numpy.corrcoef(x, y) が相関行列という 2×2 の行列を計算する。その $(1, 2)$ 成分が x と y の相関係数（上述）である。これが 1 に近ければ強い正の相関があり、-1 に近ければ強い負の相関があり、絶対値が小さな数であれば両者にはあまり相関がないということになる（コーシーの不等式によって、$|r_{xy}| \leq 1$ であることに注意せよ）。

注意：グラフを描いた後にその図を右クリックすると、メニューが現れる。そこで、「名前を付

けて画像を保存」を左クリックすると画像が保存できる。保存する場所も自分で選ぶことができる。すでにワードファイルを開いていれば、「画像をコピー」を左クリックしてワードのファイルにペーストすることもできる。

```
plt.savefig('aaa.eps')
```

とすれば、aaa.eps という名前の eps ファイルに保存できる。保存した場所がわからなくなったら、

```
import os
os.getcwd()
```

とすると現在の場所がわかるから、そこを見ればファイルが見つかるはずである。

ここで散布図の応用を紹介する。a を無理数とする。このとき na の小数部分を t_n とする。数列 $\{t_n\}_{n=0}^{\infty}$ は $[0,1]$ において一様に分布することが証明されている。一様に分布するということの定義は後ほど 3.2 節において出てくるが、そういう数学的な定義は知らなくてもよい。ここではこの言葉から連想されるイメージをそのまま使うだけでよい。これを視覚的に確認するには、点 $(\cos(2\pi t_n), \sin(2\pi t_n))$ が単位円状にほぼ均一に分布していることを確かめることで十分であろう。たとえば、次のようにすればこれが見えてくる。

```
a = np.sqrt(2) ; n = 170
t = np.arange(n)*a*2*np.pi
x = np.cos(t) ; y = np.sin(t)
plt.figure(figsize=(5,5))
plt.xticks([-1,-0.5,0,0.5,1],fontsize=14)
plt.yticks([-1,-0.5,0,0.5,1],fontsize=14)
plt.xlabel("x",fontsize=24)
plt.ylabel("y",fontsize=24)
plt.scatter(x,y,color='black')
```

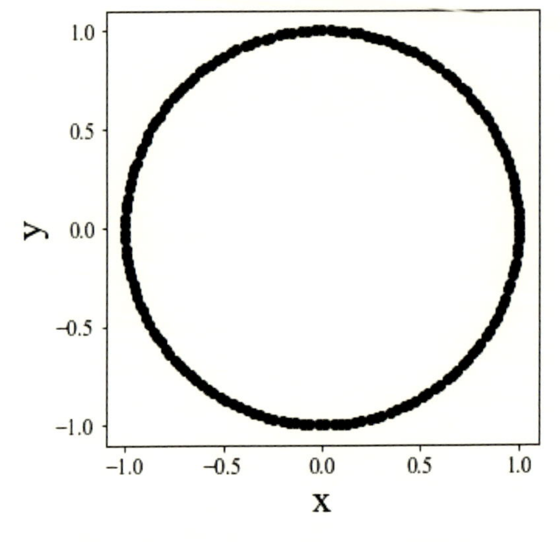

図 1.6　点 $(\cos(2\pi t_n), \sin(2\pi t_n))$ の分布

こうすると、図 1.6 を得る。n の値をいろいろと変えてみれば一様分布することの意味がつかめるであろう（本当に一様な分布なのか証明を読みたいという人もいるだろうが、それにはちょっとした数学的準備がいるのでここでは割愛する）。

1.3.6 等高線

関数 $f(x,y)$ の等高線を描くこともしばしば必要となる。

```
import numpy as np
import matplotlib.pyplot as plt
x=np.linspace(-2,2,100) ; y = np.linspace(-2,2,100)
u,v= np.meshgrid(x,y)
w = u*u/4 + v*v-1
plt.figure(figsize=(5,5))
plt.contour(u,v,w)
```

こうすると $\frac{x^2}{4}+y^2=$ 定数 の等高線を描くことができる（図 1.7 の左）。定数は勝手に割り振られる。上の例では縦にも横にも 100 等分して曲線の位置を探している。もしも曲線を描いてみてガクガクしているようであれば分割の個数を増やしてみよう。たとえば 100 を 200 にするなど、自分でいろいろと試してみよう。

$\frac{x^2}{4}+y^2=1$ だけを描きたかったら、プログラムの最後の行を

```
plt.contour(u,v,w,levels=[0])
```

とすればよい。図 1.7（右）を得る。levels の数値 0 は、$u*u/4+v*v-1=0$ の右辺の値である。これを 0 ではなく、-0.6 とかにすると、少し小さな楕円が描かれる。

プログラムの最後の行を

```
plt.contour(u,v,w,levels=38)
```

とすると、等高線を 38 本描くことになる。levels $=[3]$ と levels $=3$ は意味が違うので注意されたい。前者は $f(x,y)=3$ の等高線を意味する。後者は等高線を適当な間隔で 3 本描いてくれる。

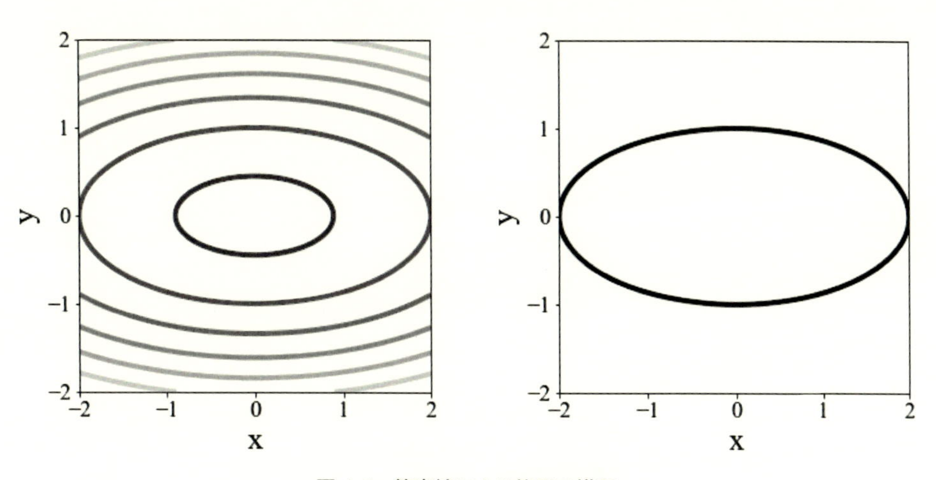

図 1.7 等高線による楕円の描画

問題

問題 1–3–1： 大阪と東京の月別平均気温を重ね書きせよ。データは気象庁のホームページにあるものを使え。

問題 1–3–2： あなたの誕生日を n 月 m 日とせよ。このとき、$a = n/3, b = m/10$ とおき、関数 $f(x) = x^a(1-x)^b$ のグラフを $0 \le x \le 1$ で描け（レポート問題に使うときの注意：誕生日を知られたくない人もいるであろう。そういう人は適当な誕生日、たとえば有名人やアイドルの誕生日を使ってもよいこととする)。

問題 1–3–3： 関数 $y = \sin\frac{1}{x}$ は描きにくい関数である。$x = 0$ の近くで無限に振動し、振動の幅は 2 である。$\delta > 0$ をうまく選び、同時に標本点の個数（$\delta \le x \le 1$ の分割数）をうまく選んで、この関数のグラフを区間 $[\delta, 1]$ で描け。

問題 1–3–4： $a = 0.1$ として $f(0) = 0, f(x) = x^a \log x \quad (0 < x)$ という関数は $0 \le x$ で連続で、$0 < x$ で何回でも微分可能な関数であるが、注意して描かないと、そうは見えない。このことを確認せよ。

問題 1–3–5： xy 平面において点 (x, y) から線分 $[-1, 1]$ を見たときの角度を $f(x, y)$ とする（図 1.8 参照)。f の等高線を描け、この関数は $(x, y) = (1, 0)$ と $(x, y) = (-1, 0)$ において不連続であるが、にもかかわらず比較的きれいに描けることを確認せよ。

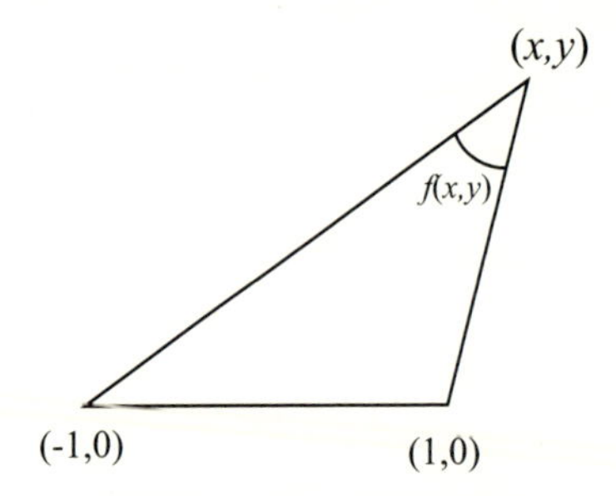

図 1.8　点 (x, y) から線分を見込む角度（視覚）を $f(x, y)$ とする

問題 1–3–6： xy 平面において曲線 $\sin y - r \sin x = 0$ を描け。ただし、定数 r としては $r = 0.9, 1, 1.1, 3$ を選んで描いてみよ。これは無限に多くの曲線からなっていることに注意せよ。$y = \arcsin(r \sin x)$ として plt.plot(x, y) としても描くことはできるが、こうするとそのうちの 1 本しか描けない。

1.4　関数

Python には様々な関数が組み込まれているが、それでも自分で関数を定義しなければいけないことも多い。また、関数を使うことによってプログラムのバグを特定しやすくなることも多い。

本節では以下の二つをまず実行しておこう。

```
import numpy as np
import matplotlib.pyplot as plt
```

1.4.1 関数の定義

関数の定義は次の形が基本である。関数 $f(x) = x - 2\sin(x)$ を定義するには、

```
def  f(x):
    return  x - 2*np.sin(x)
```

とする。また、1 行に収まる式であれば、

```
f = lambda x:  x- 2*np.sin(x)
```

と書いてもよい。どちらも同じものを定義する。この程度の関数であればいちいちこの表現を書き下していても大したことではないが、より複雑な表現を何度も使うときには一つの関数として定義した方が速いし見やすい。見やすいということはバグの修正がしやすくなるということである。

2 変数関数 $f(x, y) = \exp(-x^2 - y^2)$ を定義し、$y = 0.3, 0.6, ..., 1.5$ について、関数 $x \mapsto f(x, y)$ のグラフを描くと、以下のプログラムによって図 1.9 を得る。

```
def f(x,y):
    return np.exp(-x*x - y*y)
u = np.linspace(-1,1,100)
z = np.linspace(-1,1,100)
for i in range(1,6):
    for j in range(100):
        z[j] = f(u[j],0.3*i)
    plt.plot(u,z,linewidth=3)
plt.xticks([-1,-0.5,0,0.5,1],fontsize=14)
plt.yticks(fontsize=14)
plt.xlabel('x',fontsize=24,fontname='Times New Roman')
plt.ylabel('f(x,y)',fontsize=24,fontname='Times New Roman')
```

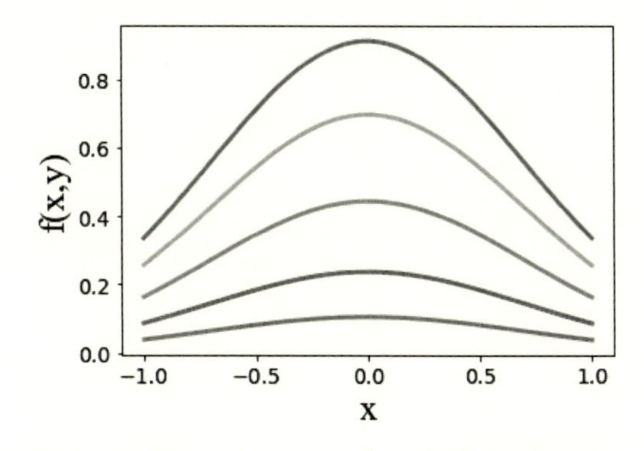

図 1.9　関数 $f(x) = \exp(-x^2 - y^2)$ をまとめて描く

もっと複雑な関数

関数の定義式にはもっと複雑な式を書いてもよい。たとえば、区分的に定義される次の関数を定義してみよう。

$$g(x) = \begin{cases} 0 & (x < 0) \\ 1 & (0 \leq x) \end{cases} .$$

これは

```
def g(x):
    if x < 0:
        return(0)
    else:
        return(1)
```

で定義できる。

```
def g(x):
    if x < 0:
        return 0
    else:
        return 1
```

と書いても同じである。また、

```
def g(x):
    if x >= 0:
        return 1
    else:
        return 0
```

と書いても同じである。

次に、自然数 n の関数 $f(n) = \sum_{k=1}^{n} \frac{1}{k^3}$ を定義するには、次のようにすればよい。

```
def f(x):
    z=0
    for k in range(1,x+1):
        z = z+(x-k+1)**(-3)
    return(z)
```

ここで、下から 2 行目は z=z+k**-3 と書いても数学的には同値である。上のような書き方をした理由は 4.1 節に記す。

論理式を上手に使うと関数の記述がコンパクトにできる。～かつ～というときは and を使う。～もしくは～というときは or を使う。どちらも、使わなくても別の書き方は可能である。しかし、慣れれば便利になる。

三角形の三辺の長さを与えて面積を計算する関数を書け。これはどうしたらよいであろうか？もちろん、ヘロンの公式を用いるべきであろう。三辺の長さを x, y, z とすれば、

```
def f(x,y,z):
    s=(x+y+z)/2;t=s*(s-x)*(s-y)*(s-z);return np.sqrt(t)
```

でもよいが、t が負の場合には怒られる。そこで、

```
def f(x,y,z):
    s = (x+y+z)/2 ; t = s*(s-x)*(s-y)*(s-z)
    if t < 0:
        print('三角形ではありません')
    else:
        return np.sqrt(t)
```

とすれば一般の場合でも OK である。

すでにユークリッドの互除法で述べたことであるが、最大公約数を求める関数 gcd が Python では使えるので、そういう関数を定義する必要はないが、あえて定義すれば次のようになる。

```
def g(x,y):
    while y>0:
            x,y = y, x % y
    return(x)
```

これは二つの自然数 x, y の最大公約数を計算するプログラムである。この式の意味はこれまでの説明で明らかであろう。

関数の引数は何個でもよい。$f(x,y,z)$ でも $f(r,y,z,w)$ でも定義可能である。この返り値は一つである。返り値を 2 個以上にすることも可能である。たとえば、(a,b) を与えて、2 次方程式 $X^2+aX+b=0$ の 2 個の根を返す関数をつくることも可能である。return の後に複数の値をカンマ区切りで書けばよい。しかし、それはそういうことが必要になったときにマニュアルとかインターネットで定義の仕方を学べば済むことであるし、本書では用いないので、ここでは深入りしない。

注意：関数の定義式を書き下してもどこかに間違いがあるかもしれない。自信が持てないときは、答がわかっている場合をいくつか考えて、その通りに出力されているかどうかチェックしてみよう。たとえば、最大公約数を計算する関数ならば $(3,9)$ と入力して 3 が出てくるとか、$(100,505)$ として 5 が出てくるとかいう作業を何度かやってみるのである。一つでもおかしな値が返ってきたらどこかにバグがあることになる。もちろん、全部正しい答であったとしてもプログラムが完璧であるということの保証にはならない。しかし、数多くのテストを潜り抜けるというのは必要条件である。

1.4.2 local variable, global variable

他のコンピュータ言語でも似たようなものであるが、変数には local なものと global なものがある。関数の内部で用いられる変数はその内部だけで使われるので、外にある同じ名前の変数とは異なる。例で解説しよう。n^3 の和をとる関数は

```
def f(n):
    x=1
    for i in range(2,n+1):
        x = x + i**3
```

```
    return(x)
```

でよい。ところで、

```
x=19.0
print(x)
print(f(18))
print(x)
--------------------------------
19.0
29241
19.0
```

とすると、$x = 19.0$ の x は global variable で、function の定義式に現れる x は関数の内部でのみ使われるので、local variable である。最初 $x = 19$ であるが、関数 $f(18)$ を呼び出したときに関数の中で x が使われている。しかし、先ほどの $x = 19$ は変わっていない。global variable x の値は変更を受けない。

問題

問題 1–4–1： 次の関数はどのような関数を表すか？

```
def g(x):
    if x <= 0:
        return 0
    else:
        return 1
```

問題 1–4–2： 様々な n をとることによって次式を数値的に確認せよ。

$$\lim_{n\to\infty}\sum_{k=1}^{n}\frac{1}{k^4}=\frac{\pi^4}{90},\qquad \lim_{n\to\infty}\sum_{k=1}^{n}\frac{1}{k^6}=\frac{\pi^6}{945}.$$

問題 1–4–3： 次のプログラムはどういう関数を定義しているのか？ 通常の数学の書き方でその関数を書き下せ。

```
def f(x):
    if x<0 or 4<x:
        return(1)
    if 1<x and x<2:
        return(-1)
    else:
        return(0)
```

問題 1–4–4： 三角形の三つの辺の長さを与えて、その三角形の内接円の半径を計算する関数を書け。また、三辺の長さが 13,14,15 のとき、内接円の半径を計算せよ。

問題 1–4–5： 三角形の三つの辺の長さを与えて、その三角形の外接円の半径を計算する関数を書け。また、三辺の長さが 13,14,15 のとき、外接円の半径を計算せよ（$\triangle ABC$ の

外接円の半径を R とすれば、正弦定理によって、$a = 2R\sin A$ である。余弦定理を使えば $\cos A = (b^2 + c^2 - a^2)/(2bc)$ がわかるから、$\sin A$ も a, b, c のみの関数となる)。

問題 1–4–6： local variable, global variable とはどういう違いを有するか？ 200 字以内で述べよ。

問題 1–4–7： 自然数 x が与えられたとき、$f(x) = 1! + 2! + 3! + \cdots + x!$ を計算する関数 f を定義せよ。特殊関数 gamma などを使わず、自分で定義して関数 f を作成せよ。

問題 1–4–8： 自然数 x が与えられたとき、その 1 の位の数字を出力する関数を書け。また、10 の位の値を出力する関数を書け。

問題 1–4–9： 自然数 x が与えられたとき、それが 5 でも割り切れず、7 でも割り切れないときに 1 を返し、それ以外の場合には 0 を返す関数を書き下せ。また、5 もしくは 7 のどちらかで割り切れれば 1 を返し、その以外の場合には 0 を返す関数を書け。

第2章

数値計算の主役

ここでは、数値計算の主役を紹介する。数値線形代数・ニュートン法・数値積分である。これらはしょっちゅうお世話になるもので、ふだんからなじんでおく必要がある。こうしたプログラミングはかつてはある程度の経験が必要であった。しかし今ではPythonやJuliaでは様々なパッケージがフリーで使えるので、そうしたものを使うことによって誰でも最先端の計算パフォーマンスを実現することができる。

2.1　簡単な線形代数

行列を定義して、簡単な線形代数の問題を解いてみよう。線形代数のモジュールを使うので、何はともあれ

```
import numpy as np
import numpy.linalg as lin
```

を実行しておこう。2行目が線形代数のモジュールである。

以下、読むだけではなく、実際にキーボードから入力してそうなることを確かめよ。4×4 行列なら手でも計算できよう。しかし、1000×1000 行列の固有値などを手で計算できるであろうか？　コンピュータの CPU にもよるが、数秒で答は出てくる。その圧倒的なパフォーマンスを実際に感じてほしい。

2.1.1　行列

実数 $\{a_{i,j}\}$ を成分とする行列を考える。

$$A = \begin{pmatrix} a_{1,1} & a_{1,2} & a_{1,3} & \cdots & a_{1,n} \\ a_{2,1} & a_{2,2} & a_{2,3} & \cdots & a_{2,n} \\ \vdots & \vdots & \vdots & \cdots & \vdots \\ a_{n,1} & a_{n,2} & a_{n,3} & \cdots & a_{n,n} \end{pmatrix}.$$

複素数を成分とする行列も大事であるが、ここでは実数を成分とする行列のみを考察する。また、$n \times m$ という長方形の行列も大事なものであるが、ここではそれには立ち入らない。行列の行列式 (determinant) は

$$\begin{vmatrix} a_{1,1} & a_{1,2} & a_{1,3} & \cdots & a_{1,n} \\ a_{2,1} & a_{2,2} & a_{2,3} & \cdots & a_{2,n} \\ \vdots & \vdots & \vdots & \cdots & \vdots \\ a_{n,1} & a_{n,2} & a_{n,3} & \cdots & a_{n,n} \end{vmatrix}$$

で表す。行列 A の行列式は $\det(A)$ で表すことが多い。

固有ベクトルや固有値は何をするにも出てくる基本的な概念で、データサイエンスでも必須の知識である。n 成分の複素ベクトル（$\mathbb{C}^n$ の元であると言ってもよい）x が複素数 λ に対する固有ベクトルであるというのは、x がゼロベクトルではなくて、$Ax = \lambda x$ が満たされることである。このとき λ を固有値と呼ぶ。A が実数を成分とする行列でも、固有値は複素数であり得る。$n \times n$ 行列の固有値は一般には n 個ある。ただし、行列によっては重複することもあるので、個数としては1個しかないということもある。したがって、固有値は重複度も込めて n 個であると言い方をする。たとえば、$\begin{pmatrix} a & 0 \\ 0 & b \end{pmatrix}$ の固有値は a と b であるが、たまたま a と b が同じ値であれば、a は重複度2の固有値である。$\begin{pmatrix} 0 & 1 \\ -1 & 0 \end{pmatrix}$ の固有値は $\pm\sqrt{-1}$ である。$\begin{pmatrix} 0 & 1 & 0 \\ 0 & 0 & 1 \\ 0 & 0 & 0 \end{pmatrix}$ の固

有値は 0 だけである。3 重固有値になっている。

行列の固有値は固有方程式という n 次多項式の根である。したがって、固有値を求めるためには固有方程式を計算して、その根を求めるのだと思ってはならない。それは理論的な話に過ぎない。実際に計算するとき、n は大きな数であることが多く、固有方程式を求めることに時間がかかる。また、固有方程式は巨大な次数となるから、解きにくくなる。コンピュータで固有値を求めるためには時間がかからずしかも誤差の少ないアルゴリズムが必要となる。そうしたアルゴリズムは Python の中に実装されているので、ここではユーザーの立場に立って、使うことに専念し、アルゴリズムの数学的背景には立ち入らない。興味のある読者はたとえば文献 [10, 38] を参照してほしい。

Python で行列を定義する方法はいくつかあるが、まずは、直接入力してみよう。

```
a = [[0.5, -4.0], [1.3,  0.8]]
```

こうして 2×2 行列 $\begin{pmatrix} 0.5 & -4.0 \\ 1.3 & 0.8 \end{pmatrix}$ ができた。もう一つの行列 b を定義して行列と行列の積を定義するには、np.dot( ) を使う。

```
a = [[0.5, -4.0], [1.3,  0.8]]
b = [[3.67,7.0897],[4.002,-9.9923]]
np.dot(a,b)
```

行列の成分は $a[m][n]$ で表す。m 行目の n 列目の成分である。ただし、1 からではなく 0 から始まることを忘れてはならない。行列 a の左上の成分は $a[0][0]$ である。

また、行列と行列の和についても注意が必要である。

```
a = [[0.5, -4.0], [1.3,  0.8]]
b = [[3.67,7.0897],[4.002,-9.9923]]
print(a+b)
```

と

```
a = np.matrix([[0.5, -4.0], [1.3,  0.8]])
b = np.matrix([[3.67,7.0897],[4.002,-9.9923]])
print(a+b)
```

の違いに着目せよ。リストを使った行列と array を使った行列は同じではないのである。

様々なデータを行列の形に格納するだけが目的ならば numpy は不要かもしれない。しかし、本書では線形代数の問題を解くことを目標とする。そこで、以下では numpy の行列を使うことにする。

注意：$a = [[x, y], [z, w]]$ の $(2, 2)$ 成分を変更したかったら $a[1][1] = w'$ とすればよい。しかし、a を numpy の行列にすると、すなわち、$b = \text{np.matrix}(a)$ とすると、$(2, 2)$ 成分を変更するには、$b[1][1] = w'$ ではなく、$b[1, 1] = w'$ とせねばならない。

2.1.2　固有値

上の行列の固有値と固有ベクトルを計算してみよう。

```
a = np.matrix([[0.5, -4.0], [1.3,  0.8]])
lin.eig(a)
----------------------------------
(array([0.65+2.27541205j, 0.65-2.27541205j]),
 array([[-0.86874449+0.j         , -0.86874449-0.j         ],
        [ 0.03257792+0.49418792j,  0.03257792-0.49418792j]]))
```

この出力の意味は、1 行目が、固有値である。$0.65 \pm 2.27541205\sqrt{-1}$ が固有値であることがわかる。2 行目と 3 行目は固有ベクトルである。縦ベクトルである。つまり、$0.65+2.27\cdots\sqrt{-1}$ に対する固有ベクトルが $(-0.86874449, 0.03257792+0.49418792\sqrt{-1})^t$ であり、$0.65-2.27\cdots\sqrt{-1}$ に対する固有ベクトルが $(-0.86874449, 0.03257792-0.49418792\sqrt{-1})^t$ である。

固有値は $\dfrac{13 \pm \sqrt{-2071}}{20}$ であることが手計算でわかるから、上の数値計算は精度がよいことがわかる。自分の手で計算して自信が持てなかったときは数値計算して結果が一致していることを確かめれば確信が持てる。こうした計算機の使い方は時に重宝するものである。2×2 くらいの大きさならば迷わないかもしれないが、5×5 となればなかなか手計算では難しかろう。

もしも固有ベクトルに興味がなく、固有値のみ表示したいのであれば

```
lin.eigvals(a)
```

とすればよい。

例題を解いてみよう。次は 3×3 行列の例である。使われている数値に特別な意味はないから、適当な数値に置き換えてもよい。

```
a = np.matrix([[0.4,3.5,-2.1],[-4.2,0.2,3.1],[1.6,1.8,-3.2]])
lin.eigvals(a)
----------------------------------------------------
array([-0.44366777+2.98721457j, -0.44366777-2.98721457j,
       -1.71266447+0.j         ])
```

次は 4×4 の場合である。

```
a = np.matrix([[1,2,3,4],[5,6,7,8],[9,10,11,12],[13,14,15,16]])
lin.eigvals(a)
----------------------------------------------------
array([ 3.62093727e+01, -2.20937271e+00, -2.57831463e-15, 5.57979826e-17])
```

これで固有値が計算できた。3 番目と 4 番目の固有値が異様に小さな値であることに注意せよ。したがって、四つの固有値のうち二つは 0 だということが推測できる。この行列は実は 0 を二重固有値として持っており、それを数値計算したときにごくわずかな誤差が出たのである。

こうした誤差は不可避である。0 が固有値であることを正確に（すなわち、数学的厳密性をもって）示す方法はないのであろうか？　これは誰もが当然に感じる疑問である。これに答えるには数式処理を使うべきである。3.5 節を参照せよ。

2.1.3 階数

行列の階数も重要な概念である。numpy を使って上で定義した行列の階数を計算してみると、

```
lin.matrix_rank(a)
--------------------------------------------------
2
```

のように階数 (rank) は 2 であると判断されている。固有値のデータと合っていると言えば合っているが、まったく同じ判断ではないことに気づく。たぶん、絶対値がある程度以下の数はゼロとみなしているのである。実際、$10^9 \times a$ の階数を計算すると、3 という答が返ってくる。

2.1.4 行列式

行列式 det(a) も numpy で計算できる。

```
a = np.matrix([[0.4,3.5,-2.1],[-4.2,0.2,3.1],[1.6,1.8,-3.2]])
lin.det(a)
---------------------------------------
-15.620000000000005
```

最後の 5 はもちろん、丸め誤差である。

2.1.5 連立方程式

行列 A とベクトル b を与えて連立方程式 $Ax = b$ を解く。

```
a=np.matrix([[0.4,3.5,-2.1],[-4.2,0.2,3.1],[1.6,1.8,-3.2]])
b=np.array([0,1,2])
lin.solve(a,b)
---------------------------------------
array([-1.91805378, -1.10371319, -2.20486556])
```

出てきた答が本当に $Ax = b$ を満たしているかどうか検算してみよう。

```
x = lin.solve(a,b)
np.dot(a,x) - b
---------------------------------------
array([ 0.0000000e+00, -8.8817842e-16, -4.4408921e-16])
```

この意味は深く説明しなくてもよいであろう 1 行目は連立方程式の解を配列 x として保存しているのである。行列 a とベクトル x の掛け算は $a * x$ とやっても出てこない。numpy の dot(,) という関数を使う。dot は行列と行列の掛け算にも使える。

特異行列について連立方程式を解こうとするとどうなるであろうか。

```
a = np.matrix([[1,2,3],[4,5,6],[7,8,9]])
b = np.array([1,0,0])
lin.solve(a,b)
------------------------------
array([ 3.15251974e+15, -6.30503948e+15,  3.15251974e+15])
```

10^{15} 以上の巨大な数が答となって返ってくる。本来

$$\begin{pmatrix} 1 & 2 & 3 \\ 4 & 5 & 6 \\ 7 & 8 & 9 \end{pmatrix} \begin{pmatrix} x \\ y \\ z \end{pmatrix} = \begin{pmatrix} 1 \\ 0 \\ 0 \end{pmatrix}$$

に解はないはずである。しかし、numpy はそしらぬ顔して解らしきものを返してくるから怖い。上の例では三つとも巨大な数であるから、人間であればおかしいと気づくであろう。しかし、機械同士であればおかしな値がそのまま使われてしまうかもしれない。別の言語ではこういうときに、「係数行列が正則でないので解けません」というメッセージを返してくるものもある。その方が親切である。しかし、その場合でも、どういう場合に特異行列と判定するのか、その判定基準が恣意的になる恐れがある。

成分のどれかを少し変えると正則行列になる。たとえば、$(1,1)$ 成分を次のように変えてみよう。

```
a = np.matrix([[1.001,2,3],[4,5,6],[7,8,9]])
lin.solve(a,b)
------------------------------
array([ 1000., -2000.,  1000.])
```

解であることを確かめる。

```
x = lin.solve(a,b)
np.dot(a,x)
------------------------------
array([1.00000000e+00, 9.09494702e-13, 0.00000000e+00])
```

確かに b になっている。

注意：$a[0,0] = 1.001$ としてもうまくいかない。これは numpy.matrix ではすべての成分が同じ型にそろっていないといけないという理由によるものらしい。最初から a の成分が全部 float ならばよい。多重配列では成分は $a[m][n]$ であるが、numpy の行列では $a[m,n]$ である。この辺もややこしい話である。

2.1.6　転置行列

転置行列 (transpose matrix) をつくるには、

```
a = np.matrix([[1,2,3],[4,5,6],[7,8,9]])
print(a)
b = a.transpose()
print(b)
------------------------------
[[1 2 3]
 [4 5 6]
 [7 8 9]]
[[1 4 7]
 [2 5 8]
 [3 6 9]]
```

とすればよい。

2.1.7 逆行列

逆行列も計算してくれる。

```
a = np.matrix([[0,1],[-1,0]])
lin.inv(a)
--------------------------------------------
array([[-0., -1.],
       [ 1.,  0.]])
```

不思議なことに、

```
b = np.matrix([[1,2,3],[4,5,6],[7,8,9]])
print(lin.inv(b))
--------------------------------------------
[[ 3.15251974e+15 -6.30503948e+15  3.15251974e+15]
 [-6.30503948e+15  1.26100790e+16 -6.30503948e+15]
 [ 3.15251974e+15 -6.30503948e+15  3.15251974e+15]]
```

である。この行列 b は特異行列で逆行列は存在しない。しかし、なぜか数値の答が返ってくる。もちろん、巨大な数だから、人間が見れば何かおかしいと気づくはずである。

$(2,2)$ 成分 5 を 6 に変えると正則行列になるので、変なことは起きない。

```
c = np.matrix([[1,2,3],[4,6,6],[7,8,9]])
print(lin.inv(c))
--------------------------------------------
[[-0.5        -0.5         0.5       ]
 [-0.5         1.         -0.5       ]
 [ 0.83333333 -0.5         0.16666667]]
```

コラム：具体例

数学の教師の中には、一般化と抽象化こそ数学の真髄であると思い込んでいる人がいる。一般化が役立つことは多い。しかし、それは数学のすべてではない。具体的な例、特に、現場で使われる具体例は我々にはかりしれない恩恵を与えてくれる。少しずつ違うけれど同じ方向を向いているような具体例をいくつか習えば一般論が見えてくることもある。教師も学生もそうした例を大事にしなければならない。

問題

問題 2–1–1： 行列 $\begin{pmatrix} 1 & 2 \\ 2 & 9 \end{pmatrix}$ の固有値を Python で計算せよ。そして固有方程式を手計算で解いて、それが正しい値になっていることを確かめよ。

問題 2–1–2： 次の行列の行列式を計算せよ。$A = \begin{pmatrix} 1 & 1 & 1 & 1 \\ 1 & 2 & 3 & 4 \\ 1 & 3 & 6 & 10 \\ 1 & 4 & 10 & 20 \end{pmatrix}$.

問題 2–1–3： 次の行列式を計算せよ。$\begin{vmatrix} q & 12 & 13 & 4 \\ 18 & 15 & 28 & 8 \\ 30 & 42 & 40 & 13 \\ 24 & 27 & 37 & 11 \end{vmatrix}$. ただし、$q$ はあなたの学生証番号の最後の 2 桁の数字とせよ。

問題 2–1–4： 次を実行せよ。その結果を見てどう思うか？

```
a = np.matrix([[1,3],[67,89]])
lin.det(a)
```

問題 2–1–5： 次の連立方程式を解け。

$$\begin{pmatrix} 5732 & 2134 & 2134 \\ 2134 & 5732 & 2134 \\ 2134 & 2134 & 5732 \end{pmatrix} \begin{pmatrix} x \\ y \\ z \end{pmatrix} = \begin{pmatrix} 7866 \\ 670 \\ 11464 \end{pmatrix}.$$

問題 2–1–6： 次の連立方程式[1]を解け。

$$\begin{aligned} 9u + 7v + 3x + 2y + 5z &= 140 \\ 7u + 6v + 4x + 5y + 3z &= 128 \\ 3u + 5v + 7x + 6y + 4z &= 116 \\ 2u + 5v + 3x + 9y + 4z &= 112 \\ u + 3v + 2x + 8y + 5z &= 95. \end{aligned}$$

問題 2–1–7： 次の行列が直交行列であることを数値的に確かめよ。

$$\begin{pmatrix} \frac{1}{\sqrt{3}} & \frac{1}{\sqrt{3}} & \frac{1}{\sqrt{3}} \\ \frac{1}{\sqrt{6}} & \frac{-2}{\sqrt{6}} & \frac{1}{\sqrt{6}} \\ \frac{1}{\sqrt{2}} & 0 & -\frac{1}{\sqrt{2}} \end{pmatrix}.$$

注意：実数を成分とする行列が直交行列であるとは、その行列にその転置行列を掛けると単位行列 $\begin{pmatrix} 1 & 0 & 0 \\ 0 & 1 & 0 \\ 0 & 0 & 1 \end{pmatrix}$ になることをいう。

1　これは約 1800 年ほど前に書かれたと言われている中国の数学書『九章算術』に現れている問題を現代的に書き直したものである。当時すでに消去法が理解されていた。

問題 2–1–8： 次の行列の階数が 2 であることを証明せよ（手計算で証明せよという意味ではない。Python で計算せよ）。

$$\begin{pmatrix} 56 & 76 & 144 & 164 \\ 52 & 47 & 118 & 113 \\ 8 & 16 & 24 & 32 \\ 2 & 1 & 4 & 3 \end{pmatrix}.$$

2.2 線形代数の続き

大学 1 年生で習う線形代数は理論がほとんどである。しかし、正しい理論であっても実践の現場では使えないということもあり得る。こうした知識はしばしば重要となる。前節に引き続き、以下を実行しておこう。

```
import numpy as np
import numpy.linalg as lin
```

2.2.1 大事な注意

連立方程式 $Ax = b$ を解くとき、逆行列 A^{-1} を掛けて、$x = A^{-1}b$ とすればよいというのはあくまで理論的な話にすぎない。行列のサイズが大きいとき、A^{-1} を計算するにはものすごい計算量が必要となる。一方、$A^{-1}b$ よりもずっと少ない計算量で $Ax = b$ の x を計算するアルゴリズムがある。Python や Julia ではそういう速いアルゴリズムが実装されている。A の逆行列を計算するコマンドはあるけれども、実際の計算では用いられることは少ない。また、クラーメルの公式なるものも連立方程式の解の公式として知られている。これも計算量が多すぎて、数値計算には適さず、数値計算の世界で使われることはない。速さが 2 倍と言ってもそう魅力的ではないかもしれないが、1000 倍となれば選択の余地はないであろう。

3 次方程式のカルダノの公式も理論的な意味はあるけれども、数値計算で用いられるものではない。

2.2.2 不思議な現象

数値線形代数には、不思議な現象が存在する。本来解けないはずのものに対してとんでもない数値が答として返ってくることがある。これはすでに前節で見たところである。他にも本来解けるはずのものが解けないこともある。次の行列は $c \neq 0$ に対して正則である。

$$A = \begin{pmatrix} 1 & 1-c \\ 1+c & 1 \end{pmatrix}.$$

$c = 10^{-10}$ のときに行列式を計算したらどうなるであろうか？

```
c = 1.0e-10
a = np.matrix([[1,1-c],[1+c,1]])
lin.det(a)
```

どういう答が返ってくるか、各自確かめてみよ。

上の A に対して $Ax = (1, 1)$ は解けるか？

```
b = np.array([1,1])
lin.solve(a,b)
```

とやってみよ。すると

```
LinAlgError: Singular matrix
```

と怒られてしまう。数学的には解けるはずである。解は $x = 1/c, y = -1/c$ となるはずであるが、Python は解いてくれない。

このように、「解けるはずが解けない」とか「解けないはずが解けている（ように見える）」というのはそう頻繁に生ずることではないが、**起き得るということを知っている**ことはプログラマーにとって大切である。

注意：上の行列の階数 (rank) を計算させてみると 1 になる。 2 ではない。

2.2.3　行列の条件数

行列式がゼロでない行列（すなわち正則行列）A に対し、$Ax = b$ は常に解をただ一つ持つ。これは線形代数で習う事実である。

しかし、$\det(A) \neq 0$ であっても**数値的には解けないことがある**。これは忘れてはならない事実である。行列には条件数 (condition number) というものが定義できる。これがあまり大きいとコンピュータ上で連立方程式は解けない。それは概ね次のような理由による。浮動小数計算の中では丸め誤差（切り捨て）が発生し、それが次の誤差と反応して、さらに大きくなるということがある。それに大きな数が掛けられると誤差はさらに大きくなる。その誤差の最終的な拡大の比率の目安が条件数だとみなしてよい。したがって、条件数が大きいと、たとえ計算が完了しても大きな誤差をはらんでいることがある。特異行列では条件数は ∞ と定義することになっている。だから、条件数とは特異行列に近いかどうかの目安であるといってもよい。

正則行列であることがわかっている場合でも、特異行列に非常に近いものはコンピュータ内部では特異行列とみなされる、と言ってもよい。

numpy では行列 a の条件数は $\mathrm{cond}(a)$ で計算できる。上の行列では、

```
c = 1.0e-10
a = np.matrix([[1,1-c],[1+c,1]])
lin.cond(a)
--------------------------------------
1.3183271058135454e+17
```

となり、条件数が巨大であることがわかる。他の例も計算してみよう。

```
a = np.matrix([[1,2,3],[4,5,6],[7,8,9]])
lin.cond(a)
--------------------------------------
1.201149133689022e+17
```

これは特異行列であるから、ある意味で当然の結果である。

```
a = np.matrix([[1.000001,2,3],[4,5,6],[7,8,9]])
lin.cond(a)
-----------------------------------
101088556.25192124
```

そこそこ大きな数値が返ってくる。

```
a = np.matrix([[1.000001,2,3],[4,5,6],[7,8,9]])
b = np.array([1,5,-8])
x=lin.solve(a,b)
print(x)
np.dot(a,x)
-----------------------------------
[-16999999.99811996  33999968.99623995 -16999973.33145331]
array([ 1.        ,  5.00000003, -8.        ])
```

確かに答としてはよいようである。しかし、x の各成分は非常に大きい。行列の係数も右辺の数値も普通の数なのに x は大きい。この拡大作業の中に誤差が膨らむ芽生えが見て取れる。

もしも線形計算でおかしな結果が出てきたら条件数を調べてみよう。これが大きかったらそのままではうまくいかないと納得できる。条件数が大きすぎて計算できないときには別の工夫で計算できるようにすることもできるが、それはもう少し数値解析を本格的に勉強してからの方がよいから、ここではそのことは省略する。文献 [7, 11] は数値解析のよい教科書である。

例：c が一桁小さくなると a の条件数は二桁大きくなる。

```
for i in range(1,5):
    c = 10**(-i)
    a = [[1+c,1],[1,1-c]]
    print(lin.cond(a))
-----------------------------------
401.99751242241683
40001.99997500239
4000001.999380951
399999991.98636574
```

2.2.4 ヒルベルト行列

n を 2 以上の自然数とする。$n \times n$ 行列を、$1 \leq i, j \leq n$ に対して (i, j) 成分が $1/(i+j-1)$ であるとして定義し、これをヒルベルト行列[2]と呼び、H_n で表す。たとえば、$n = 4$ のときは

$$H_4 = \begin{pmatrix} 1 & \frac{1}{2} & \frac{1}{3} & \frac{1}{4} \\ \frac{1}{2} & \frac{1}{3} & \frac{1}{4} & \frac{1}{5} \\ \frac{1}{3} & \frac{1}{4} & \frac{1}{5} & \frac{1}{6} \\ \frac{1}{4} & \frac{1}{5} & \frac{1}{6} & \frac{1}{7} \end{pmatrix}.$$

2　$A = (\ 1/(i+j)\ )$ をヒルベルト行列と呼ぶ流儀もある。こうしても以下の議論はほとんど同様であるから、ここでは上の定義を採用する。この名前は有名な数学者 David Hilbert (1862–1943) にちなむものである。

対称行列であるし、そんな変な行列には思えない。すべての $n \geq 1$ について正則行列であることも証明できる。だから $H_n x = b$ は解けることが保障されている。

ベクトル b を与えて、$H_n x = b$ を解こう。$n = 10$ として計算してみる[3]。

```
m = 10
a=np.zeros((m,m))
for i in range(m):
    for j in range(m):
        a[i][j]=1/(i+j+1)
b = np.zeros(m)
for i in range(m):
    b[i] = i
lin.solve(np.matrix(a),np.array(b))
-----------------------------------
array([-9.89777897e+02,  9.70008476e+04, -2.30431271e+06,
        2.30593421e+07, -1.19802081e+08,  3.55626933e+08,
       -6.25505638e+08,  6.44041163e+08, -3.58337834e+08,
        8.31313679e+07])
```

ちゃんと解けているようだ。念のために検算してみると、

```
np.dot(np.matrix(a),lin.solve(np.matrix(a),np.array(b)))
-----------------------------------
array([-1.49011612e-08,  9.99999985e-01,  2.00000000e+00,
        3.00000001e+00,  4.00000001e+00,  5.00000001e+00,
        5.99999999e+00,  6.99999999e+00,  8.00000000e+00,
        9.00000000e+00])
```

微妙な丸め誤差が入っているが、まあよかろう。しかし、n が大きくなると誤差はどんどん大きくなる。

```
m = 30
a=np.zeros((m,m))
for i in range(m):
    for j in range(m):
        a[i,j]=1/(i+j+1)
lin.det(a)
```

のように行列式を計算してみると 0.0 という答が返ってくる！

Hilbert 行列は定義から明らかに対称行列である。したがってその固有値は実数である。固有値はすべて正であることが証明されている。その証明の中で比較的簡単なものは文献 [25] であろう。ここではその証明は省略する。

一方、ベクトル $\vec{\alpha}$ がゼロベクトルでなかったら、$(\vec{\alpha}, H_n\vec{\alpha}) < \pi(\vec{\alpha}, \vec{\alpha})$ となることが証明できる（ここで、(,) は内積を表す)。これは Hilbert の不等式と呼ばれている。これから、すべての固有値 λ は $0 < \lambda < \pi$ を満たすことがわかる。H_n の最大固有値を λ_n としたとき、O. Taussky は $\pi - \lambda_n = O(1/\log n)$ を証明した。したがって、特に $\lim_{n\to\infty} \lambda_n = \pi$ であるが、その収束は極めて遅い。1000×1000 の場合でも固有値の最大値は 2.443 程度である。$\pi = 3.1415\cdots$ はは

3　Python の配列は 0 から始まることに注意せよ。行列の番号は 1 から始まる。

るか先である。

例：S. M. Rump（文献 [64]）のアルゴリズムに従って [20] で使われたものである。

$$\begin{pmatrix} 177830 & 3777 & 112815 & 6116 \\ 3777 & 28534 & 32741 & 1890 \\ 112815 & 32741 & 128870 & 7095 \\ 6116 & 1890 & 7095 & 391 \end{pmatrix}. \tag{2.1}$$

この行列を a としよう。そして連立方程式を解く。

```
a = np.matrix([[177830,3777,112815,6116],[3777,28534,32741,1890],
[112815,32741,128870,7095],[6116,1890,7095,391]])
b = np.array([1,2,3,4])
np.dot(a,lin.solve(a,b))
-----------------------------------------------
array([-44.,  44.,  56.,   7.])
```

最後の行は本来 $1,2,3,4$ が出てくるべきである。しかし、まったく別物が出力されている。しかし、$(4,4)$ 成分を少し変えてみると、次のようになる。

```
a[3,3] = 390
b = [1,2,3,4]
np.dot(a,lin.solve(a,b))
-----------------------------------------------
array([1., 2., 3., 4.])
```

これはすなわち、ほんの少しの変化で行列の性格がまったく変わってしまうことを意味する。

たかが 4×4 行列であるが、条件数を計算してみると、$1.1464387424421835 \times 10^{19}$ という巨大な数になっていることがわかる。また、行列式は 1 であることが証明されているが、Python に計算させてみると、

```
a = [[177830,3777,112815,6116],[3777,28534,32741,1890],
[112815,32741,128870,7095],[6116,1890,7095,391]]
lin.det(np.matrix(a))
-----------------------------------------------
1.9554542347335926
```

となり、正しく計算できていない。

こうした事実はプログラムのバグではない。丸め誤差存在のために、取り扱い困難な事例が存在すると理解すべきである。

問題

問題 2–2–1： $c = 10^{-i}$ について、次の行列の条件数を計算せよ。ただし、i は $2, \cdots, 9$ を動くものとする。

$$\begin{pmatrix} 1 & 2 & 3 \\ 4 & 5+c & 6 \\ 7 & 8 & 9-4c \end{pmatrix}.$$

問題 2–2–2： 次の行列の行列式と条件数を $c = 10^{-1}$ と $c = 10^{-5}$ に対して計算せよ。

$$\begin{pmatrix} 1-2c & 2 & 3 \\ 4 & 5+c & 6 \\ 7 & 8 & 9-2c \end{pmatrix}.$$

問題 2–2–3： ヒルベルト行列の行列式はゼロでなく、$1/\det(H_n)$ は自然数であることがわかっている。$n = 5$ のとき、その自然数を求めよ。ヒルベルト行列の逆行列の成分はすべて整数であることが証明されている。$n = 4$ のときこれを確かめよ。

問題 2–2–4： 式 (2.1) の 4×4 行列の任意の成分を一つ選んで少し変化させ、右辺のベクトル b を適当に選び、連立方程式 $Ax = b$ を解き、結果を記せ。ただし、ベクトル b の四つの成分はどれも一桁の整数ではないものとせよ。その条件の下でランダムに選んでよい。

問題 2–2–5： 10×10 行列 A をその成分が

$$a_{ij} = \frac{1}{q + |i-j|}$$

であるとして定義する。ここで、q はあなたの学生証番号の最後の 2 桁の数字である。この行列の固有値をすべて求めよ。

問題 2–2–6： A を $n \times n$ 行列、b を n 次元ベクトルとする。連立方程式 $Ax = b$ を二つの方法で解いて、かかる時間を比べてみよ。実行時間の計測は 3.5 節の終わりの方で説明しているが、ここでは腕時計やスマートフォンを使ったおおざっぱな時間計測でよい。A は 10000×10000 のランダムな行列をつくる。b は何でもよいが、ここではそのすべての成分を 1 としておく。

```
n = 10000
a = np.matrix(np.random.rand(n,n))
b = np.array([1]*n)
```

これで A と b が与えられた。乱数については第 3 章で説明するので、そこを読んだ後でここへ戻ってきてほしい。

さて、A の逆行列を計算してそれを b に掛ける方法と、solve を使って答を求める方法と実行時間を比較してみよ。そして solve の方がずっと速いことを体感せよ。10000 ではなく 20000 だともっと違ってくる。そもそも A の逆行列を計算するのに時間がかかりすぎる。

2.3　方程式の根

関数のゼロ点、すなわち $f(x) = 0$ となる x を求める必要は頻繁に生ずる。ゼロ点は解と呼ばれることもあるし、根と呼ばれることもある。多項式の根を因数分解で求める、という経験は誰にでもあるだろう。だが、そんなことでは計算できない根はいくらでもある。そういうときに頼りになるのが近似解法、特に、逐次近似解法である。

関数のゼロ点を計算する方法は様々なものが考案されており、それだけに特化した教科書もあるくらいである。ここでは次の三つだけを紹介する。

1. 二分法
2. 多項式の根の数値計算法
3. ニュートン法

それぞれ長所と短所があり、その特徴を理解して使い分ける必要がある。

本節でも次が必要である。

```
import numpy as np
```

2.3.1　二分法のプログラム

二分法のアルゴリズムは昔から知られていた。ラグランジュ[4]も知っていた。次の定理に基づく。

定理： 連続な実1変数関数 $f = f(x)$ が $a \leq x \leq b$ で与えられているものとする。このとき、もし $f(a)f(b) < 0$ ならば区間 (a, b) 内に $f(x) = 0$ となる x が少なくとも1個はある。

ラグランジュはこの定理に証明が必要だとは考えていなかった。グラフを描いてみれば明らかであろう、という態度でいたのである。当時はみんなそんな感じであった。この定理を実数の連続性に帰着させて証明する、というのはずっと後のことである。

さて、計算アルゴリズムは次のようになる。

1. $x = a, y = b$ とおく。
2. x, y が与えられたら、$z = (x + y)/2$ とおき、$c = f(z)$ を計算する。
3. c が $f(y)$ と同じ符号ならば $y = z$ とおき、x は変えない。c が $f(x)$ と同じ符号ならば $x = z$ とおき、y は変えない。
4. ステップ2. に戻る。

これを $x^2 - 2 = 0$ について実行してみよう。

```
x = 1 ; y = 2
for i in range(10):
    z = 0.5*(x+y)
    if z*z-2 < 0:
        x=z
    else:
        y=z
    print(z)
----------------------------
1.5
1.25
1.375
1.4375
1.40625
```

4　Joseph-Louis Lagrange, 1736–1813. イタリアのトリノに生まれ、パリに死す。

```
1.421875
1.4140625
1.41796875
1.416015625
1.4150390625
```

御覧の通り、二分法の収束は遅い。しかし、二分法には導関数の計算が不要である。様々な方程式には、その関数の計算は比較的容易であるが、導関数の計算が困難な問題がある。あるいは微分係数が存在しない場合もある。そういう問題でも二分法は使える。

2.3.2　多項式の根

Python には多項式の根を計算する関数 numpy.roots(p) がある。p には多項式の情報を入力する。たとえば、$3x^2-4x+5$ の根を求めるには

```
p=[3,-4,5]
np.roots(p)
---------------------------------
array([0.66666667+1.1055416j, 0.66666667-1.1055416j])
```

とすればよい。これが根

$$\frac{2\pm\sqrt{-11}}{3}$$

を表していることは容易に確認できる。リスト p を定義するときにはべき指数の大きな方から並べなくてはならない。また、0 があればそれを入れることを忘れてはならない。x^3-2 は $[1,0,0,-2]$ である。$[1,-2]$ ではない。$[1,-2]$ は $x-2$ である。

重根も計算する。$(x+1)^2=0$ を解いてみると、

```
np.roots([1,2,1])
---------------------------------
array([-1.+6.68896751e-09j, -1.-6.68896751e-09j])
```

のように、数値誤差のために、小さな虚部が存在するが、こういった誤差は数値計算では不可避である。根が実数であっても複素数の範囲で近似していることもわかる。

多項式の根を求めるには、roots で十分であろう。次数の大きな多項式でも問題ないようである。しかし、このアルゴリズムは一般の超越方程式には使えない。

2.3.3　ニュートン法

ニュートン法は多項式でなくても適用できる。少ない反復回数（計算回数）で高い精度を得る。ただし、前もってある程度よい近似値がわかっている必要がある。この点をよく理解して使わねばならない。

$f(x)=0$ の根を求めるのに、まず近似値 x_0 を用意する。すなわち、$f(x_0)\approx 0$ である。そして、次の逐次計算を行う。

$$x_{n+1}=x_n-\frac{f(x_n)}{f'(x_n)}\qquad (n=0,1,2,\cdots).$$

これで定義される数列 $\{x_n\}$ をニュートン列と呼ぶことにする。

$\sqrt{5}$ の近似計算をやってみよう。$x_1 = 1.5$ から出発してみよう。

```
x = 1.5
for i in range(5):
    x = x - (x*x-5)/(2*x)
    print(x)
np.sqrt(5)
--------------------------------
2.4166666666666665
2.242816091954023
2.2360781292569603
2.236067977522834
2.23606797749979

2.23606797749979
```

$x_5 = 2.23606797749979$ はすべて正しい数字になっている。初期値の選び方にもよるが、4, 5 回逐次近似すれば十分な精度を得ることが多い。これは非常に速い収束であると言えよう。

注意：上のプログラムでは逐次近似式がわかりやすくなるようにこう書いたけれども、

$$x = (x * x + 5)/(2 * x)$$

と同じである。こちらの方が計算量が少ないから実際の計算ではこっちを使うべきである。さらに付け加えるならば、

$$x = 0.5 * x + 2.5/x$$

の方が計算量は少ない。計算量というときは掛け算と割り算を何回くらい使うかが目安となる。足し算と引き算にはそれほど時間を要しないからである。

よいことばかりのようにも思えるが、注意すべきことがある。それは最初の x_0 をどういうふうに見つけてくるかである。これが悪いとそもそも収束しないこともある。収束しても遅いときもある（後に出てくる問題 2–3–6 を参照せよ)。もっと悪いことに、そもそもニュートン列が定義できないこともあり得る。x_n が $f'(x_n) = 0$ を満たしてしまったら x_{n+1} は定義できない。数学的には、「もしも x_0 が真の解に十分近ければニュートン列はすべての n について定義できて、真の解に収束する」という定理が証明できる。しかし、どれくらい近ければよいのか、その範囲は判然としないことも多い。これを定量的に決定することは楽ではない。

そこで、一般的な方針としては、**遅くても精度が悪くても確実に真の根に近づいてゆく近似法を採用してそれである程度まで根に近づき、近いと判断したらそれを出発点としてニュートン法で計算する**という戦略を立てることが多い。

次の方程式は 13 世紀にピサのレオナルド[5]が考えたものである。

$$x^3 + 2x^2 + 10x = 20.$$

5　13 世紀前半にイタリアのピサで活躍した。伝統的にフィボナッチと呼ばれている数学者であるが、この名前は根拠のないものなので使わないように。ただ、フィボナッチ数列など、すでに普通名詞化して定着しているものは今さら変えようがない。

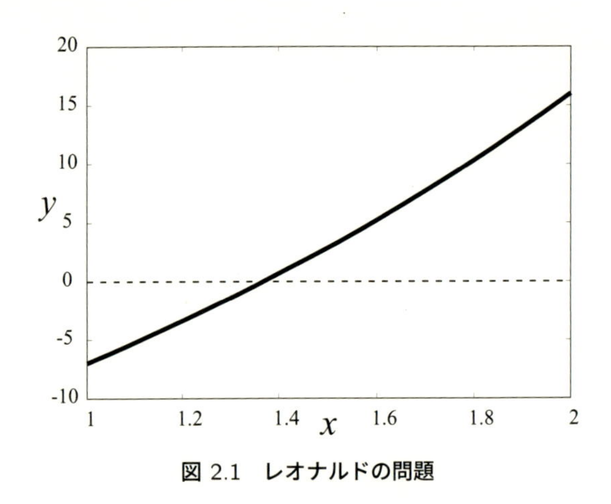

図 2.1　レオナルドの問題

実根はただ一つで、$1 < x < 2$ を満たす。これは無理数である[6]。

$$f(x) = x^3 + 2x^2 + 10x - 20 \tag{2.2}$$

とおけば、これは単調増加関数で、$f(1) < 0 < f(2)$ を満たす（図 2.1）。実際、

$$f'(x) = 3x^2 + 4x + 10$$

は常に正である。そこで、次のようにニュートン法のプログラムを組むことができる。

```
f=lambda x: x**3 +2*x*x + 10*x - 20
g=lambda x: 3*x*x + 4*x + 10
x = 1
for i in range(6):
    x = x - f(x)/g(x)
    print(x)
----------------------------------
1.4117647058823528
1.3693364705882352
1.3688081886175318
1.3688081078213745
1.3688081078213727
1.3688081078213727
```

レオナルドは、　1.368808107853224　と計算しているから、最後の 5 桁以外は正しい。彼がどういう方法でここまで精度よく計算したのかわかってはいないが、ニュートン法を知っていたわけではない（はずである）。

ニュートンの例：$x^3 - 2x - 5 = 0$. 最初にニュートン法が適用されたのはこの方程式である。これの近似値は 2.09455148154233 である。各自これを検証せよ。

$\sin 1^\circ$ の計算。これは昔から重要であった。今のコンピュータは三角関数を正確に計算できるようになっているので、$\sin 1^\circ$ の計算には何の困難も伴わないが、大航海時代には

6　証明は省略する。13 世紀のレオナルドが証明できたくらいだから現代の数学科の学生であれば証明は思いつくはずである。

重要かつ難しい問題であった。$\sin 3^\circ$ は加減乗除と根号の組み合わせだけで計算できる。$\sin 3^\circ = a, x = \sin 1^\circ$ とおくと、

$$a = 3x - 4x^3.$$

a を既知として、この 3 次方程式を解く必要がある。$a = 0.0523359562\cdots$ であることはわかっているものとせよ. ニュートン法を用いて次のように計算すれば、$\sin(\pi/180) \approx 0.0174524064372835$ であることがわかる。

```
a = 0.0523359562429438
x = 0.1
for i in range(6):
    x = x - (a-3*x + 4*x**3)/(12*x*x - 3)
    print(x)
np.sin(np.pi/180)
```

関数 f を次のように定義する。これはもちろん、$\sin x$ のテーラー近似式である。

$$f(x) = x - \frac{x^3}{6} + \frac{x^5}{120} - \frac{x^7}{5040} \tag{2.3}$$

$f(x) = 0$ の根と $\sin x = 0$ の根はどれくらい近いか（問題 2–3–8）？ $x = 0$ はどう計算しても正しく出るが他の根、$x = \pm\pi$ はどうであろうか？ なぜこのようなことが起きるのか説明せよ。一般に、$f(x)$ と $g(x)$ が近くても、$f(x)$ の根と $g(x)$ の根は必ずしも近くない。

例： $c > 0$ とする。

$$f(x) = x^2 - (2+c)x + 1 + c, \qquad g(x) = f(x) + c^2/3$$

とする。$c = 0.01$ であれば $g(x) - f(x) = c^2/3 \approx 3.333 \times 10^{-5}$ は小さな値である。しかし、$f(x) = 0$ の根は $x = 1, 1+c$ であるが、$g(x) = 0$ の根は虚数になり、絶対誤差は $c/\sqrt{3}$ である。f と g の誤差は c^2 の小ささであるが、根の誤差は c のオーダーである。

また、$c = 10^{-6}$ のとき、x^6 と $x^6 - c$ の差は c であるから、とても小さい。しかし、根は 0 と 0.1 であるから、とても小さいとは言えない。$c \to 0$ のとき、$x^6 = c$ の根は $x^6 = 0$ の根に収束することは証明されている。しかし、その収束は遅い。

別の言い方をしてみよう。$|f(x) - g(x)| < 10^{-6}$ がいたるところで成り立っていたとしてもその根、つまり、$f(\xi) = 0, g(\eta) = 0$ となる ξ と η について ξ と η は 6 桁程度**合うわけではない**。これは初学者が勘違いしやすいところである。

和算家の関 孝和はニュートン法と本質的に同じものを見つけていた。1685 年に書かれた解隠題之法で彼は $x^3 + 2x^2 + 3x - 9 = 0$ を解いていた。この根を求めよ。もちろん彼は実根のみを計算していた。一般に、初期の近似値をうまく選ばないとニュートン法は収束しない。初期値を選ぶためのよい方法があるわけではないので、いろいろと試行錯誤する必要がある。簡単なのは $y = x^3 + 2x^2 + 3x - 9$ のグラフを描いてみて、どのあたりに根があるか、目星をつけることである。Python でグラフを描いてみると図 2.2 のようになるから、$x = 1$ あるいは $x = 1.1$ を初期値としてみよう、と見当をつけることができる。

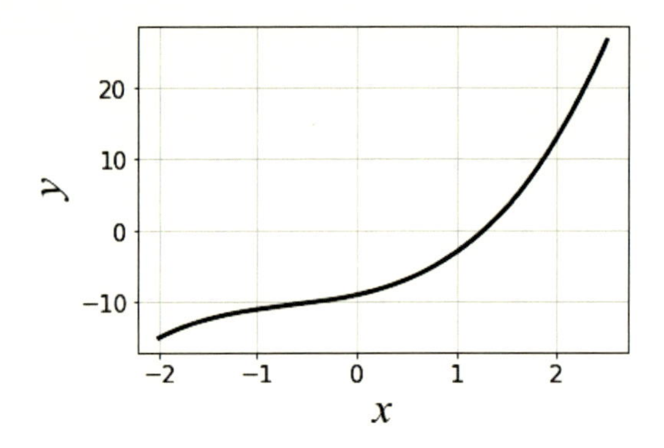

図 2.2　$y = x^3 + 2x^2 + 3x - 9$ のグラフ

コラム：数学者と数値計算

Newton も Euler も Gauss も計算するのが好きで、膨大な数値計算が抽象的な数学の定理の発見に密接に結びついていたことは忘れるべきでない。第 5 章では円周率でオイラーに出会うし、第 6 章では素数定理でガウスに出会う。

問題

問題 2–3–1： $30x^3 - 19x^2 + 1 = 0$ と $2x^4 - 7x^3 + 20x^2 - 26x + 35 = 0$ を解け。

問題 2–3–2： 次の方程式の根を求めよ[7]。　$x^3 + x^2 + x = 90, \quad x^3 + 2x - 30 = 0.$

問題 2–3–3： $x^3 - 2x - 5 = 0$ の実根の近似値を、ニュートン法を使ってできるだけ詳しく計算せよ。また、$x_0 = -6$ あるいは $x_0 = -5$ として近似解がどのようにふるまうか調べよ。また、roots() を使って根を計算し、ニュートン法と比べよ。

問題 2–3–4： $x \tanh x = 1$ は $0 < x < \infty$ にただ一つの根を持つことを証明し、その近似値をできるだけ詳しく計算せよ。

問題 2–3–5： 関数 $(x^3 + 3)e^{-x}$ のグラフを $0 \le x \le 10$ で描き、その極値を近似計算せよ。

問題 2–3–6： 関数 $e^x - 1$ のゼロ点（すなわち $x = 0$）を $x = -3$ を初期値としてニュートン法で計算せよ。誤差が 10^{-5} 以内に収まるまで、何ステップかかるか？ 他の多くの場合、5 ステップくらいで収束することが多いので、これを初めて見たときにはどうしてこんなに反復が必要なのか、と驚くかもしれない。初期値を $x = -1$ として比べてみるとその違いは歴然である。

問題 2–3–7： $\xi = 2/(3\pi)$ とする。$\phi = \frac{1}{\xi} - \xi - \frac{2}{3}\xi^3$ は $\tan x = x$ の $\pi < x < 3\pi/2$ における根に近いことを示せ。

問題 2–3–8： 式 (2.3) の根を計算せよ。$0, \pm\pi, \pm 2\pi, \pm 3\pi$ とどれくらい異なるか？

7　どちらもケンブリッジ大学の卒業試験であるトライポスに出題されたものである。それぞれ、1802 年と 1809 年に出題された。もちろん当時は、手で解くことを想定している。

問題 2–3–9： 関 孝和の 3 次方程式の根を求めよ。

問題 2–3–10： 方程式 $\exp(x^2) = x^{10^{10}}$ は $10^5 < x$ なる根を持つ。その根を小数点以下一桁まで正しく計算せよ。

問題 2–3–11： $y = \sin x$ のグラフと $y = a/x$ のグラフが $0 < x < \pi$ において接する。このような正数 a を求めよ。そして、接することがわかるようにグラフを描け。

問題 2–3–12： $f(x) = \tanh x$ とする。x_0 を選んで、ニュートン列 $x_{n+1} = x_n - f(x_n)/f'(x_n)$ が $x_0, x_1, x_0, x_1, \cdots$ と周期的に繰り返す数列になるようにできることを証明せよ。また、x_0 の値を求めよ（このような x_0 については、すべての n についてニュートン列は定義されるけれども、決して収束しないことになる）。さらに、初期値の絶対値がこの値よりも大きければニュートン列は発散し、小さければ 0 に収束することを確かめよ。

問題 2–3–13： $f(x) = \frac{1}{3}x^3 - x + 10$ とする。$x_0 = 3$ でニュートン列を定義しようとしても x_2 は定義されないことを示せ。

2.4　数値積分

積分の数値を精密に計算することを考える。大多数の定積分は初等的に表し得ない。したがって、数値積分が必要となる。

以下、かなり複雑な積分でもあっという間に正確に計算してくれることがわかる。いったい、コンピュータの中でどういうふうに計算しているのだろうと気になる人もいるだろう。数値積分には長い歴史があり、ニュートン、シンプソン、ガウス、ルジャンドルといった大数学者がその基礎を打ち立てたものであり、精巧な理論ができている。1970 年代以降では日本人の寄与も大きい。そのアルゴリズムの説明には多くのページ数を必要とするので、ここではふれない。文献 [18] を参照せよ。また、以下は 1 変数関数の積分についてのみ考察する。多変数についてはかなり異なる事情があり、本書では割愛する。

本節では

```
import math
import numpy as np
from scipy import integrate
```

の三つを実行しておく。最後の import は scipy というモジュールから integrate という関数を使えるようにするという意味である。

2.4.1　数値積分

$$\int_0^1 (x^3 + 5x + 7)\,dx, \qquad \int_{-\infty}^{+\infty} \frac{dx}{1 + x^2}$$

などという積分は手で厳密な値が計算できる。しかし、一般の定積分ではそうはいかず、数値積分が必要となる。数値積分の世話になる機会は極めて多い。そして、しばしば、その精度が他の計算に悪影響を与えることがある。したがって、数値積分は精度よく近似計算できるに越したことはない。

たとえば、平均が 0 で標準偏差が σ の正規分布 $\mathcal{N}(0,\sigma)$ を持つ確率変数 x が $-2\sigma < x < 2\sigma$ となる確率はいくらか、と言われれば

$$\int_{-2\sigma}^{2\sigma} \frac{1}{(2\pi\sigma^2)^{1/2}} \exp\left(-\frac{x^2}{2\sigma^2}\right) dx = \frac{2}{\sqrt{\pi}} \int_0^{\sqrt{2}} e^{-t^2} dt \tag{2.4}$$

を数値積分するしかない。一昔前はこうした積分の表を用意して、それを使っていたものであった。今では数値積分することでほぼ一瞬で数値は出る。**数表のページをめくるより数値計算である**。いまだに高校の教科書に数表が載っているのは嘆かわしい限りである。これは大学入試でコンピュータを使えないことを考えればやむを得ないのであろうが、世の IT 化には逆行することである。

もう一つ例をあげよう。楕円 $\dfrac{x^2}{a^2} + \dfrac{y^2}{b^2} = 1$ の面積が πab であることはよく知られている。しかし、その周の長さはどうかというと、これはもちろん a, b の関数であるが、その関数の形は初等的には表せないことが証明されている。周の長さは

$$4\int_0^{\pi/2} \sqrt{(-a\sin\theta)^2 + (b\cos\theta)^2}\, d\theta = 4a\int_0^{\pi/2} \sqrt{1 - e^2\sin^2\theta} d\theta$$

である。e は楕円の離心率で、$e = \sqrt{a^2 - b^2}/a$ で与えられる（ここで、$0 < b < a$ と仮定している）。$0 < e < 1$ を与えて $\int_0^{\pi/2} \sqrt{1 - e^2\sin^2\theta}\, d\theta$ を計算するのは数値的にやるしかない。

では、numpy と scipy を使って数値積分してみよう。$\displaystyle\int_0^1 \frac{dx}{1+x^2}$ を計算するには、被積分関数（関数の使い方は 1.4 節を参照せよ）を定義して、integrate.quad を使う。

```
f = lambda x:  1/(1+x*x)
integrate.quad(f,0,1)
----------------------------------------
(0.7853981633974484, 8.719671245021581e-15)
```

ここで、出力の最初の成分は積分の計算値であり、第 2 成分は絶対誤差の上からの見積りである。真の値は $\pi/4 \approx 0.7853981633974483$ であるから、十分に精度があることがわかる。誤差の見積りはあくまで見積りであって、誤差の数学的な意味での上限であるというわけではない。とはいうものの、その信頼性は高そうである。

$\displaystyle\int_0^1 \frac{1+x^3}{1+x+x^2} dx$ を計算するには、

```
f = lambda x:  (1 + x**3)/(1 + x + x**2)
integrate.quad(f,0,1)
---------------------------------------
(0.7091995761561452, 7.873696985029546e-15)
```

のように積分を計算してみると、$(4\sqrt{3}\pi - 9)/18 \approx 0.7091995761561452$ である。このように、なめらかな関数を有界な区間で積分するのであればかなりよい値を返してくる。

積分区間は無限区間でもよい。

```
f = lambda x: 1/(1+x*x)
integrate.quad(f,-np.inf,np.inf)
--------------------------------------------
(3.141592653589793, 5.155583041197975e-10)
```

これは、$\int_{-\infty}^{\infty} \frac{dx}{1+x^2} = \pi = 3.141592653589793\cdots$ を表すから、答は非常によい。

さて、$\displaystyle\int_0^1 \frac{dx}{\sqrt{x}}$ のように、非有界な被積分関数でもよい。

```
f = lambda x:  x**(-0.5)
integrate.quad(f,0,1)
---------------------------------------------
(1.9999999999999991, 2.2204460492503123e-15)
```

定積分 $\int_0^{\pi} \log(\sin x)\, dx$ はオイラーが計算した。

```
f = lambda x: np.log(np.sin(x))
integrate.quad(f,0,np.pi)
---------------------------------------------
(-2.177586090303606, 2.930988785010413e-14)
```

答は $-\pi \log 2$ である。何桁合うだろうか？

発散する（∞ になる）積分でも答が出てくることがあるので注意が必要である。

```
f = lambda x:  1/x
integrate.quad(f,0,1)
---------------------------------------------
C:\Users\okamo\AppData\Local\Temp/ipykernel_16676/1557085555.py:2:
IntegrationWarning: The maximum number of subdivisions (50)
has been achieved.     （中略）
(41.67684067538809, 9.35056037314051)
```

警告文が出されるので、おかしいことが想像されるが、答が $41.6\cdots$ で誤差の見積りが $9.35\cdots$ であると返事している。これは信用してはならない。

こんな馬鹿なことはしませんよ、と思うであろうが、現場で出会う関数はきわめて複雑であることも多い。そんなとき、どこでどの程度の無限大が出てくるのかすぐには見当がつかないこともある。したがって、**コンピュータのプログラムが答を出したからと言って盲目的に信用してはならない。**

2.4.2 計算の困難なケース

積分が有限に確定する関数でも「発散」と判定してくることもあるので、注意が必要である。たとえば、$\alpha < 1$ ならば $\int_0^1 x^{-\alpha} \log x\, dx$ は収束するが、

```
f = lambda x:  x**(-0.99)*np.log(x)
integrate.quad(f,0,1)
---------------------------------------------
```

```
IntegrationWarning: The integral is probably divergent,
or slowly convergent.
  integrate.quad(f,0,1)
(-10000.000001800761, 4.856965460930951e-06)
```

のように答は $-1/(1-\alpha)^2 = -10000$ であるから、数値結果はほぼ正しい。しかし、警告文には The integral is probably divergent, or slowly convergent とあるので、なんとなく気持ちが悪くて、使うのに困るであろう。

条件収束する積分は難しい。広義積分 $\displaystyle\int_0^\infty \frac{\sin x}{x}\,\mathrm{d}x = \frac{\pi}{2}$ は収束するのであるが、

```
f = lambda x:  np.sin(x)/x
integrate.quad(f,0,np.inf)
-------------------------------------------
IntegrationWarning: The integral is probably divergent,
or slowly convergent.
  integrate.quad(f,0,np.inf)
(2.247867963468919, 3.2903230524472553)
```

というふうに怒られる。数値も真の値 $\pi/2$ とはほど遠い。

$\displaystyle\frac{\pi}{2} = \int_0^\infty \frac{\sin^2 x}{x^2}\,\mathrm{d}x$ はどうか？ この積分は直前の積分とは違い、絶対収束する。しかし、integrate でやってみると？

こうした関数は振動している。積分区間は無限に長いから無限回振動している。こうした関数は積分しづらい。振動していることだけで悪くなるわけではない。被積分関数が $x \to \infty$ のときに急速にゼロに収束してゆくならば積分は計算してくれる。積分の収束が遅くてなおかつ振動している関数が計算しづらいのである。そうした関数を積分するには特別な工夫が必要となる。

こうした現象、すなわち、有限になるはずのものがそうでないと判断されるのはなぜか？ 数値積分に使われる分点の数が少なすぎるからである。これを人為的に大きくすることでうまく計算してくれることもある（どう増やしてもだめなときもある）。

こうした関数を積分するにはまったく別のアイデアが必要になる。一つのアイデアは**変数変換**することである。$\alpha < 1$ として $y = x^{1-\alpha}$ とすると、

$$\int_0^1 x^{-\alpha}(\log x)^2 dx = \frac{1}{(1-\alpha)^3}\int_0^1 (\log y)^2 dy.$$

α が 1 に近いとき、左辺は計算しにくいが右辺は簡単。

補足：$\int_0^1 x^{-\alpha}(\log x)^2\,dx$ は手で計算可能である。それについて数値積分云々というのは馬鹿らしいではないか、と思われる人もいるであろう。しかし、これはアイデアを説明するための例である。複雑な関数 g によって $\int_0^1 g(x)x^{-\alpha}(\log x)^2\,dx$ という積分となれば手で積分することはできなくなるが、上の変数変換で計算しやすくなるという事情は変わらない。つまり、

$$\int_0^1 g(x)x^{-\alpha}(\log x)^2\,dx = \frac{1}{(1-\alpha)^3}\int_0^1 g(y^{1-\alpha})(\log y)^2\,dy$$

とすると、g が $[0,1]$ で連続ならば、左辺よりも右辺の方が計算しやすい。

こうした例からわかるように、数学的に同値な公式であっても片方は数値計算に適しており、片方は適していない、ということは頻繁に起きる。

- **コンピュータプログラムを組む前に前処理せよ**

というのは忘れてならない鉄則である。

だいたい正しい値が返ってきても警告文がついていると気持ち悪い。そんなときにどういうふうにすればよいか？　これには様々な対応が考えられるが、多少とも技巧的な話になるので、文献 [11] や [18] を参照するにとどめ、ここではこれ以上考えないことにする。

注意： 1 変数関数の定積分を高精度に計算する方法として二重指数関数型積分公式というものがある。これは高橋 秀俊と森 正武という二人の日本人によって開発された、非常に精度の高い方法である。これについては本書で述べることはできないので、[11] を参照していただきたい。

2.4.3　問題

問題 2–4–1： 式 (2.4) を数値計算せよ。

問題 2–4–2： $\displaystyle\int_0^{\infty} e^{-x^3}\,dx$ を数値計算せよ。

問題 2–4–3： $\displaystyle\int_0^1 \frac{1+x^3}{1+x^2}\,dx = \frac{1}{4}(2+\pi-\log 4)$ を数値計算し、精度が高いことを確認せよ。

問題 2–4–4： $\displaystyle\int_0^{\infty} \frac{x}{\sinh x}\,dx = \frac{\pi^2}{4}$ を数値計算で確かめよ（ $\sinh x = \frac{e^x-e^{-x}}{2}$ である）。

問題 2–4–5： 次の積分を数値計算せよ。$\displaystyle\int_0^{\infty} \frac{1}{x^4-x^3+2x^2+x+15}dx.$

問題 2–4–6： $\int_0^1 x^{-\alpha}\log x\,dx$ は $\alpha < 1$ のときに有限な値になる。その値を手計算で求めよ。一方、数値積分でどういう α ならば計算してくれるか、いろいろと α を変えて実験してみよ。$\int_0^1 x^{-\alpha}(\log x)^2\,dx$ についても試してみよ。

問題 2–4–7： $\displaystyle L(x) = \int_0^{x-1} \frac{\log(1+t)}{t}dt \qquad (1 < x)$. これは William Spence というスコットランドの数学者が 1809 年に定義したものである。彼は $L(100) \approx 12.192421669$ という値を与えている。当然、当時は手で近似計算したわけである。彼の数値はどこまで正しいか？

問題 2–4–8： $\displaystyle\int_0^1 \frac{\arctan\sqrt{2+x^2}}{(1+x^2)\sqrt{2+x^2}}dx = \frac{5\pi^2}{96}$ を数値的に確かめよ。$\displaystyle\int_0^{\pi/2} \log\cos x \times \log\sin x\,dx = \frac{\pi}{2}(\log 2)^2 - \frac{\pi^3}{48}$ はどうか？

関数 arctan は関数 tan の逆関数である。math モジュールでは math.atan であるが、numpy では np.arctan である。

問題 2–4–9： $\displaystyle\int_0^1 \frac{x^4(1-x)^4}{1+x^2}dx = \frac{22}{7} - \pi$ を数値的に確かめよ（これは Dalzell の積分と呼ば

れているようである。文献 [26])。

問題 2–4–10： 次の定積分を数値的に確認せよ。最後の積分には比較的大きな誤差が入る。しかし、見当はつく。

$$(a)\quad \int_0^\infty \log\frac{x^2+1}{x^2}dx=\pi,\quad (b)\quad \int_0^\infty \frac{\sin^4 x}{x^4}dx=\frac{\pi}{3},\quad (c)\quad \int_0^\infty \frac{\sin^3 x}{x^2}dx=\frac{3\log 3}{4}.$$

問題 2–4–11： $\displaystyle\int_0^{1/2}\frac{dx}{x(\log x)^2}$ は有限な値になる（$\frac{1}{\log 2}$ になることがわかっている）。しかし実際に実行すると、警告されることを確かめよ。

問題 2–4–12： $\displaystyle\int_0^{\pi/4}\arctan\sqrt{1-\tan^2 x}\,dx\approx\pi\times 0.17$　これは 1854 年のケンブリッジ大学の卒業試験（これは tripos トライポスと呼ばれている）に出題された問題の一つである。これを手計算で要求するのはいくら何でも酷であろう。しかし、ここまで学んできた読者にはコンピュータさえあれば簡単である。

問題 2–4–13： $\int_1^{10} x^x dx$ を誤差の見積りが 0.1 以下になるように計算せよ。

問題 2–4–14： 次の等式を証明し、どちらも quad を使って数値積分せよ。返ってくる積分の近似値に大きな違いはないが、誤差の見積りが右辺において大きく改善されることを確認せよ。

$$\int_0^{\pi/2}\frac{\cos x}{\sqrt{x}}dx=2\int_0^{\sqrt{\pi/2}}\cos y^2\,dy.$$

コラム： 変数変換

変数変換はときに絶大な威力を発揮する。置換積分をいくつかやってみた人にはすでに経験済みであろう。しかし、どういう変数変換が有利で、どれが有利でないのかはすぐにはわからない。便利な変数変換を選ぶには経験が必要である。将来、こういうこともAI がやってくれるかもしれないが、今しばらくこうした職人芸は必要であろう。

第3章

応用

ここでは、応用の話題をいくつか紹介する。数学の応用となると確率論的な考え方は必須のため、確率や乱数の話題も取り扱う。最小二乗法は概念としても方法としても非常に重要である。これを知らないと機械学習も理解できない。

3.1　場合の数・確率・期待値

確率や期待値の計算は基本的であるが、答が式で書き下せたから問題は解かれたと思っている人が多い。そんなことはない。数学の応用の現場では、具体的な数値を近似的に出す必要がある。成功する確率は 80% 以上なのか、それともそれ以下なのか、と聞かれているときに数式だけ出しても怒られるに決まっている。

確率の問題には実に面白い問題がたくさんある。そうした問題を紹介するのも本節から 3.3 節までの目的である。

3.1.1　ウォームアップ

ある病原体の検査を行って陽性であるにもかかわらず陰性と出てしまう確率が 0.01 であるとする。この検査を陽性患者 100 人に行って少なくとも一人以上陰性と判断される確率はどれだけか？ 意外に大きいことに驚かれるのではなかろうか。

練習問題　この確率の数値を求めよ。
答： $1 - 0.99^{100} \approx 0.63396765872$ である。左側だけでは不十分である。

3.1.2　カルダノの問題

カルダノ[1]は 3 次方程式、4 次方程式の根の公式で有名であるが、確率論でも先駆者である。父と子が将棋を指す。父の勝つ確率は 0.9 で、子供の勝つ確率は 0.1 とする。N 回勝負して一度でも子供が勝てば子供は 1 万円のお小遣いをもらえる。全敗すればお小遣いはもらえない。子供がお小遣いをもらえる確率をほぼ 1/2 にするには N をどうとればよいか。これがカルダノの問題である。お小遣いがもらえない確率は 0.9^N である。これをだいたい 0.5 になるようにすればよい。

$$0.9^N \approx 0.5, \qquad N \approx \frac{\log 0.5}{\log 0.9} \approx 6.5788$$

$$0.9^6 > 0.5 > 0.9^7.$$

すなわち、$N = 7$ ととれば子供が若干有利、$N = 6$ ととれば父が若干有利。

子供の勝つ確率は 1/10 なのだから $N = 10$（あるいは $N = 5$）ととればよい、と考える人は結構いる。これは間違いである。

3.1.3　ニュートン–ピープス問題

ニュートン[2]がギャンブル好きの友人ピープス[3]から相談を受けた。次の三つのうち、どれが一番確率が高いか？

1. 6 個のサイコロをふって、6 の目が少なくとも一つ出る。

1　Girolamo Cardano, 1501–1576.

2　Isaac Newton, 1643–1727. 万有引力の法則で有名な、あのニュートンである。

3　Samuel Pepys & I. Newton, 1693. Pepys はピープスと読むらしい。どういう人物か知りたければ、臼田 昭著、ピープス氏の秘められた日記（岩波新書）をお勧めする。ただし、数学や数値計算とは無関係な話である。

2.　12個のサイコロをふって、6の目が少なくとも二つ出る。
3.　18個のサイコロをふって、6の目が少なくとも三つ出る。

ピープスは三つとも同じ確率だと思っていたのだが、実際にギャンブルしてみるとどうもそのようではないらしいと感じ始めた。そこで友人のニュートンに相談した。ニュートンは直ちに計算し、ピープスに結果を知らせた。

実際に計算してみると、それぞれ次のようになる。

$$1-\left(\frac{5}{6}\right)^{6}, \qquad 1-\left(\frac{5}{6}\right)^{12}-12\times\left(\frac{5}{6}\right)^{11}\times\frac{1}{6},$$
$$1-\left(\frac{5}{6}\right)^{18}-18\times\left(\frac{5}{6}\right)^{17}\times\frac{1}{6}-\binom{18}{2}\left(\frac{5}{6}\right)^{16}\left(\frac{1}{6}\right)^{2}.$$

しかし、その数値はこれだけではわからない。問題3–1–3を見よ。

3.1.4　場合の数

硬貨投げ（コイントス）を偶数回（$2m$回とする）行う。このとき、表がm回で裏がm回である確率はいくらか？ この確率は、

$$\frac{1}{2^{2m}}\binom{2m}{m}$$

であることがわかる。たいていの数学の講義はこれでおしまいである。しかし、数学を現場で使うときは数値にしなくてはならない。

$m=10$として、まずは、結果を予想せよ。感覚的に、これくらいかなと思う数値をノートに書き留め、その後で実際に計算して、自分の予想が合っているかどうか確かめよ。その後、$m=100$について同じことをせよ。

大数の法則によって、何度も何度も試行を繰り返せば、表の割合は平均して1/2に近づく。この事実と上の計算は矛盾しているように感じる。実は、大数の法則と矛盾するものではないのであるが、それはここでは説明しない。

N人が各々n回ずつ硬貨投げを行う。N人すべてに同じ数の表が出る確率はいくらか？ この問題に対する答は、次のようになる。

$$\sum_{k=0}^{n}\left\{\binom{n}{k}2^{-n}\right\}^{N}.$$

これが答であることを確かめることは難しくはない。しかし、これが大きな確率なのか小さな確率なのか、すぐにはわからない。これはコンピュータに計算させるべきである。

3.1.5　同じ誕生日

これはたいへん有名な問題で、初めて聞く人にはとても意外に思える事実である。1939年にRichard von Misesが書いた論文が始まりであると言われている。

問題は次のように設定される。あるクラス（学級）にn人の学生がいるものとせよ。たとえば$n=40$とせよ。それぞれの誕生日は365日のどの日であるか、確率はまったく同じであるとす

る（2月29日の人はいないものとする)。このとき、少なくとも一組以上同じ誕生日の人がいる確率はいくらか？

答は、まったくバラバラになる確率を1から引けばよい。

$$1-\frac{365!}{365^{40}325!}.$$

これを計算しようとして、

$$1-\text{math.gamma}(366)/\text{math.gamma}(326)*365**(-40)$$

としても計算はしてくれない。366も326も大きすぎるのである。

```
n = 40 ; x=1
for m in range(1,n+1):
    x =x*(365-m+1)/365
print(1-x)
----------------------------
0.891231809817949
```

グラフを描いてみると図3.1となる。$n=40$ のときに $0.89\cdots$ というのは非常に高い確率であるように思える。たいていの人にはこれは意外に思えるであろう。図3.1からわかるように、クラスの人数が60人だったら確率はかなり1に近い。いささか直感に反することである。計算してみると、確率は $0.99412\cdots$ になる。

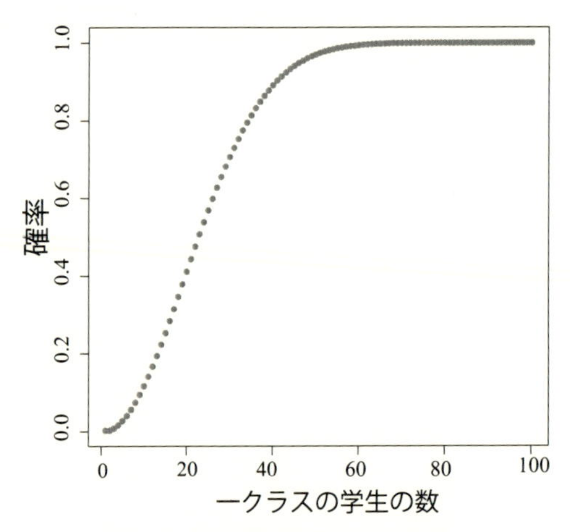

図3.1　同じ誕生日の人がいる確率

計算するときはmathモジュールの中のfactorialという関数を使ってもよい。これは整数として計算するので、200!も計算してくれる。

注意：これはクラス40人の中で誰かと誰かの誕生日が同じになる確率である。これは高い。40人のクラスの中にあなたと同じ誕生日の人がいる確率はもっと低い。実際に計算してみると、

$$1-\left(\frac{364}{365}\right)^{39}=0.1014706896\cdots$$

となる。

ここまでは、誕生日の同じ人が少なくとも 2 人以上いる確率であった。40 人の中に 3 人以上の人が同じ誕生日になる確率はどうなるか？ これはかなり厄介な問題となる。ここでは省略し、文献 [19, 39] を参照するにとどめる。

3.1.6 バナッハの問題

バナッハ[4]はポーランドの数学者で、関数解析で特に有名である。

左右のポケットにコインが n 個ずつ入っている。一度に 1 個使うが、左右どちらから取り出すかは無作為であるとする。取り出しを続けていって、ポケットの中にコインがなくなっていたらそこで終わる。そのときにもう片方のポケットに残っているコインの数の期待値 E_n はいくらか？ というのがバナッハの問題である。k 個残っている確率を p_k とすれば

$$E_n = \sum_{k=1}^{n} kp_k$$

である。これを計算すると、

$$E_n = (2n+1)\binom{2n}{n}2^{-2n} - 1$$

となることがわかっている。答がこうなるということは確率論の問題であり、そう易しいものでもない。ここではそれは問わない。問題は計算である。

E_{50} を計算してみると、だいたい 7 である。

証明は省略するが、スターリングの公式を使って、「$n \to \infty$ のとき $E_n \sim 2\sqrt{\dfrac{n}{\pi}} - 1$ である」ことが証明できる。

以上、証明を知りたければ文献 [23] を見よ。

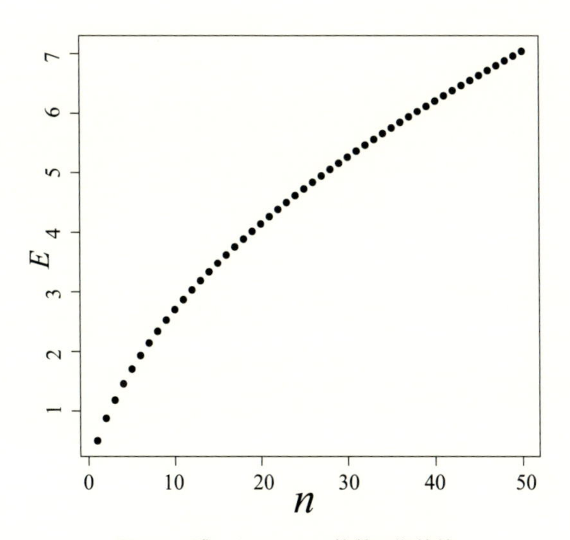

図 3.2 残ったコインの枚数の期待値

4 Stefan Banach, 1892–1945.

問題

問題 3–1–1： カルダノの問題で、一つのゲームに父親が勝つ確率が 0.95 のとき、子供がお小遣いをもらえる確率が 1/2 よりも大きく、かつ、できるだけ 1/2 に近くするには N をどうとるのがよいか？

問題 3–1–2： カルダノの問題で、一つのゲームに父親が勝つ確率が 0.9 とし、子供が 2 回以上勝てばお小遣いがもらえるという状況ならば、N をどうとるのがよいか？

問題 3–1–3： ニュートン–ピープス問題で、三つの場合それぞれを数値で表せ。どれが一番大きいか？

問題 3–1–4： N 人が各々 n 回ずつ硬貨投げを行う。N 人すべてに同じ数の表が出る確率はいくらか？ これを $N = n = 3$ のとき、および、$N = n = 4$ のときに計算せよ。scipy の $\mathrm{binom}(a, b)$ は使ってよい（1.1 節参照）。

問題 3–1–5： $E_n = (2n+1)\binom{2n}{n}2^{-2n} - 1$ のとき E_{100} を計算せよ。そしてそれがだいたい $2\sqrt{\dfrac{100}{\pi}} - 1 = 10.28\cdots$ であることを確認せよ。

問題 3–1–6： A さんと B さんが硬貨投げをする。表が出たらその硬貨をもらい、裏が出たら何ももらえない。硬貨の数は十分大きいので全部表であったとしても尽きることはないとせよ。A さんは 50 回投げ、B さんは 51 回投げる。このとき、A さんが得た硬貨の数と B さんの得た硬貨の数が同じになる確率を求めよ（もちろん、数値を与えよ。答の数式を与えても 0 点である）。二項係数を計算する関数（1.1 節）は使ってよい。

3.2　乱数の話

サイコロをふって出てくる数列は $\{1, 2, 3, 4, 5, 6\}$ に値をとる乱数である。乱数とは何か、数学的な定義は難しい。ここでは、その定義はしない。たとえば杉田（文献 [8]）を参照されたい。

コンピュータでつくられる数列はプログラムでつくられるわけであるから、乱数ではない。真の乱数は、$x_0, x_1, x_2, \cdots, x_n$ が与えられても x_{n+1} を決めるすべはない。しかし、乱数とよく似た性質を持つ数列（それを疑似乱数と呼ぶ）をつくることはできる。何をもって疑似乱数というのか、その定義もしない。ここはこういう文学的な表現で我慢してもらおう。

本節では random というモジュールを使って疑似乱数を生成し、それを乱数として使ってみよう。

```
import random as ra
import numpy as np
```

これは最初にやっておく。Python のドキュメントによれば、random モジュールはメルセンヌ・ツイスタ (Mersenne Twister) を使っている。メルセンヌ・ツイスタは松本 眞と西村 拓士という二人の日本人が開発した乱数生成器で、多くのコンピュータ言語で使われているものである。

3.2.1 一様乱数

ある区間、たとえば $[0,1]$ からランダムに取り出して並べればそれは $[0,1]$ の中のどの小区間にも一様に分布するであろう。そこで一様分布するということの定義を次のようにする。

定義： 無限数列 $\{x_n\}_{n=1}^{\infty}$ が区間 $[0,1]$ 内で一様分布するとは、$x_n \in [0,1]$ を満たす無限数列で、任意の $0 \leq a < b \leq 1$ について、

$$\lim_{n\to\infty} \frac{N(n,a,b)}{n} = b - a$$

が成り立つものをいう。ここで、$x_i \in (a,b)$ となる $1 \leq i \leq n$ の個数を $N(n,a,b)$ と表す。

要するに、数列はどんな小区間でもその長さに応じた比率でその中に存在するというわけである。

一様分布する乱数は存在するが、一様分布するだけでは乱数とは言えない。規則的に並べた数列で一様分布するものはいくらでもある。

では、コンピュータの中でいかにして疑似乱数を生成するのか。これにはなかなか高級な数学が必要となる。まったく機械的なプログラムが不規則に見える数列を生み出すことはある。ここでは一様乱数を生み出す数学的アイデアについて述べない。コンピュータゲームの中でも頻繁に使われているが、ユーザーはそれを意識することはあまりない。車のエンジンの仕組みがわからなくても車の運転はできるから、乱数の理論的な仕組みはもう少し数学を勉強してからにしよう（実際、けっこう難しい数学が必要とされる）。ここではどうやって使うか、ということに集中する。我々も乱数理論の専門家ではないので、どういう参考書がよいのか正直言ってよく知らない。疑似乱数については文献 [8, 60] をあげておく。

1 個の疑似乱数

$[0,1]$ の疑似一様乱数を 1 個生成する。一様乱数は、区間 $[0,1]$ の中にほぼ一様に分布する。

単位区間 $(0,1)$ 内の一様乱数を 1 個つくるには次のようにすればよい。

```
x = ra.random()
print(x)
```

これである乱数が x という変数に入った。まったく同じプログラムをもう一度実行してみよう。そのとき、同じ x でもまったく異なる値が生成されていることに気づくであろう。

区間 $a < x < b$ に一様に分布する乱数を選びたかったら

```
x = a + (b-a)*ra.random()
```

でできる。random モジュールにある uniform という関数を使ってもよい。

```
x = ra.uniform(100,110)
```

これで $100 < x < 110$ 内の実数を一つランダムに選んだことになる。

多数の疑似乱数（疑似乱数の配列）

疑似乱数を成分に持つ配列をつくるには numpy を使うのが便利である。

```
x = np.random.rand(6)
```

とすれば 6 個のランダムな数の配列ができる。$(0,1)$ 区間の一様乱数を成分に持つ行列をつくりたければ、たとえば 4×4 行列であれば、

```
x = np.random.rand(4,4)
```

とすればよい。

1000 個の一様乱数をとってその平均を計算してみよう。

```
x = np.random.rand(1000) ; np.mean(x)
-------------------------------------
0.4983036926560353
```

当然のことながら、0.5 に近い値が返ってくる。

f が $[0,1]$ で連続で、$\{x_n\}$ が $[0,1]$ で一様分布すれば、

$$\int_0^1 f(x)\,dx = \lim_{N\to\infty} \frac{1}{N} \sum_{n=0}^{N-1} f(x_n)$$

となることがわかっている（これをワイルの定理と呼ぶ）。そこで、

$$\int_0^1 f(x)\,dx \approx \frac{1}{1000} \sum_{n=0}^{999} f(x_n)$$

を計算してみる。$f(x) = x^2$ ならば、

```
n=1000
x = np.random.rand(n)
np.sum(x*x)/n
------------------------------
0.33761071925764413
```

となり、正しい値は $\int_0^1 x^2 dx = 1/3$ であるから、それほど精度はよくない。f が滑らかならば、定積分を計算するもっとよい方法がある（2.4 節）。しかし、f にいかなる滑らかさを仮定しないでも連続性だけで上の方法は収束する。これは時に重宝する。

次に、x のヒストグラムをつくってみる。

```
n=1000
x = np.random.rand(n)
plt.xticks(np.linspace(0,1,6),fontsize=18)
plt.yticks(np.linspace(0,100,6),fontsize=18)
plt.hist(x,range=(0,1))
```

こうすると、たとえば、図 3.3（左）のような図を得る。1000 個の場合と 10000 個の場合を比べてみると、1000 個ではばらつきが目立ち、個数が多いとばらつきが少ないことが実感できる。

$[0,1]$ 内の 500 個のデータのうち $0 \le x < 0.05$ であるものの個数を計算するにはどうすればよいか。

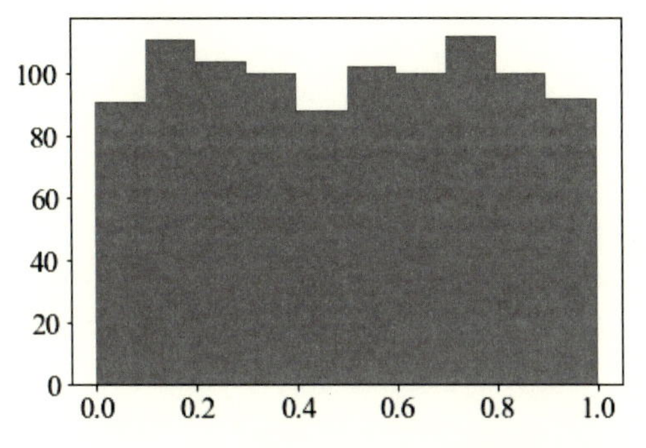

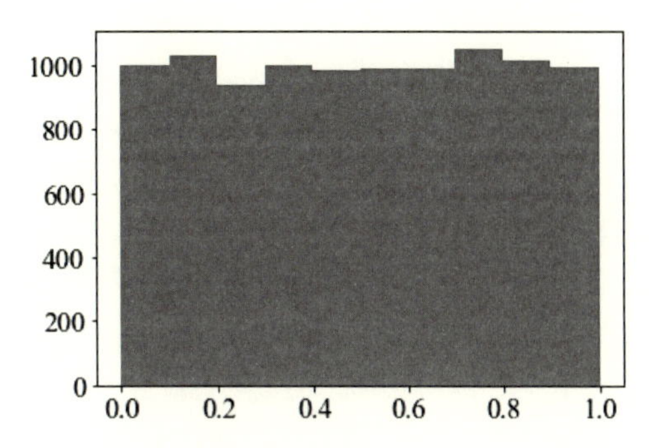

図 3.3　1000 個の乱数のヒストグラム（左）、10000 個の場合（右）

```
x = np.random.rand(500)
k=0
for i in range(500):
    if x[i] < 0.05:
        k = k+1
print(k)
```

こうすればよい。5 %であるから、平均すると 25 個であるが、やってみるとばらつきは出る[5]。28 のときもあるし、22 のときもある。各自、この実験を何度も繰り返し実行してみよ。もちろん、こうした数値実験を何度も何度も繰り返して、その結果の平均をとれば 25 に極めて近い値が出てくる。これは確率論における大数の法則からの帰結である。

3.2.2　例題

コイントス（硬貨投げ）を数学化する。0 と 1 に値をとる乱数をつくるには、$(0,1)$ 区間の一様乱数をつくって四捨五入する関数 round() を当てはめればよい。

```
x = np.random.rand(30)
print(np.round(x))
----------------------------------------
[0. 0. 0. 0. 0. 0. 1. 0. 0. 1. 0. 0. 0. 0. 1. 0. 0. 1. 1. 0. 1. 0. 1. 1.
 1. 0. 0. 1. 0. 1.]
```

やってみればわかるように、0 がたくさん続いたり 1 がたくさん続いたりすることはけっこうある。0 と 1 が交互に続くこともあるが、そればかりではない。

random.binomial という関数を使ってもよい。

```
np.random.binomial(1, 0.5,30)
----------------------------------------
array([0, 1, 0, 0, 0, 0, 1, 0, 1, 0, 0, 0, 1, 0, 0, 0, 1, 1, 1, 1, 1, 1,
       1, 0, 0, 0, 0, 1, 1, 1])
```

$0, 1, 2, \cdots, 9$ に値をとる一様乱数を 20 個つくるには、

5　出るべきである。出なかったら乱数ではない。

```
x = np.floor( 10*np.random.rand(20))
print(x)
```

とすればよい。

例題：かごの中に0から9までの番号をつけたボールが1個ずつある。ランダムに取り出し、その番号をメモし、元に戻すことを繰り返す。同じ番号が出たらそこでやめる。やめたときまでに引き出したボールの数は平均して何個か？

この問題を理論的に解くことは難しいからここではしない（文献 [23] を見よ）。数値実験は簡単。

```
np.floor( 10*np.random.rand(10))
--------------------------------------
array([2., 3., 8., 7., 6., 7., 4., 2., 6., 7.])
```

この場合、やめたとき、6個取り出していることになる。

```
array([0., 2., 1., 2., 2., 7., 3., 9., 7., 3.])
array([8., 2., 1., 0., 3., 7., 4., 8., 0., 6.])
array([9., 4., 2., 2., 6., 8., 4., 0., 8., 7.])
array([8., 3., 0., 7., 5., 0., 4., 6., 6., 8.])
array([0., 2., 2., 8., 2., 2., 5., 1., 9., 1.])
```

引き出したボールの数は、順番に、$4, 8, 4, 6, 3$ であるから、以上6回の平均値は $5.166\cdots$ である（理論的な期待値は4.66あまり）。

$$\int_0^\infty \left(1 + \frac{x}{10}\right)^{10} e^{-x}\,\mathrm{d}x \approx 4.660216.$$

期待値がこうなることの証明はちょっと難しいので省略する（文献 [23] の189ページを見よ）。

上の実験で何回までやったか、その判断もコンピュータにさせることもできる。

例題：区間 $[0, 1]$ の任意の数を次々にランダムに選んで和をとり、その和が最初に1を越えるときの取り出した回数の期待値はいくつか？[6]

答：自然対数の底 $e = 2.718281828459045\cdots$ である。

数値実験するには、たとえば次のようにすればよい。

```
m=1000
z = np.zeros(m)
for j in range(m):
    x = np.random.rand(20)
    y = 0
    i = 0
    while y < 1:
        y = y + x[i] ; i = i + 1
    z[j] = i
np.mean(z)
--------------------------------
```

6　この例題は文献 [53] から引用した。

```
2.727
```

まあ e に近い値が出ている。もちろん、乱数を使っているので、返ってくる値はやってみるたびに異なる。しかし、だいたい $e \approx 2.718281828459045$ に近い値になるはずである。

3.2.3 正規分布

正規分布する乱数は numpy.random.normal で生成することができる。

```
x = np.random.normal(0,1)
print(x)
--------------------------
0.3094830112015059
```

ここで、$(0, 1)$ は、平均が 0 で標準偏差が 1 であることを意味する。こうした正規分布の乱数を 1 個生成している。何も書かないと、すなわち () とすると平均を 0 標準偏差を 1 とみなされる。複数個生成したければ個数も指定する。たとえば、10 個の乱数を生成したいならば、次のようにすればよい。

```
x = np.random.normal(0,1,10)
print(x)
np.mean(x)
--------------------------
[-1.38796477 -0.57239883 -0.0507759 -0.66482828 0.12006719 0.31235376
 -2.00825685 0.43926461 1.23424868 1.54437561]
-0.10339147886237143
```

平均 m 標準偏差 σ の正規分布の密度関数は、

$$f(x) = \frac{1}{(2\pi\sigma^2)^{1/2}} \exp\left(-\frac{(x-m)^2}{2\sigma^2}\right).$$

```
f = lambda x:  (2*np.pi)**(-0.5)*np.exp( - 0.5*(x-5)**2)*5000
x = np.random.normal(5,1,5000)
plt.hist(x,range=(0,10))
y = np.linspace(0,10,100)
z = f(y)
plt.xticks(fontsize=18)
plt.yticks(fontsize=18)
plt.plot(y,z)
```

こうすると図 3.4 を得る。正規分布になっていることが確かめられる。

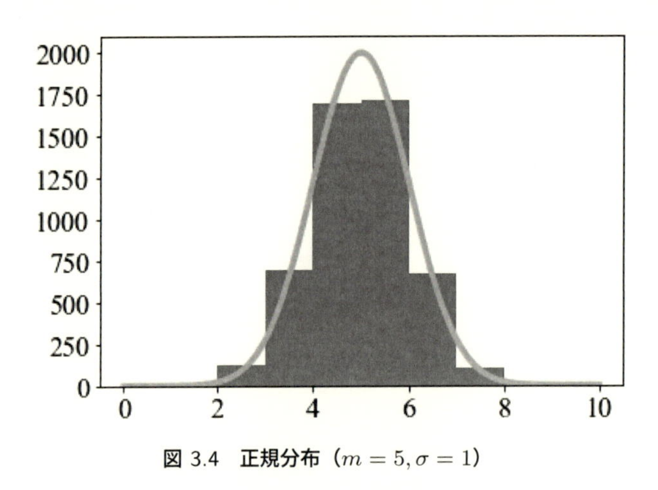

図 3.4 正規分布（$m = 5, \sigma = 1$）

3.2.4 幾何的な応用

例題：正方形内部の任意の点を選ぶ。その点がその正方形の内接円の内部に来る確率は $\dfrac{\pi}{4}$ となる。一辺の長さが 1 の正方形に半径が 0.5 の円を内接させる。random.rand は $[0, 1]$ の範囲からランダムに数を返す関数なので、次のようにすれば一辺の長さが 1 の正方形内にランダムに点をとることになる。

```
x = np.random.rand(500)
y = np.random.rand(500)
k= 0
for i in range(500):
    if  (x[i]-0.5)**2 + (y[i]-0.5)**2 < 0.25:
        k = k+1
print(k/500)
print(np.pi/4)
----------------------------------------
0.758
0.7853981633974483
```

各自実験して、$\pi/4$ に近い値になっていることを確かめよ。確率の問題であるから、ごくまれにはあまり近くない数値が出ることもある。500 ではなく、乱数の個数をもっと増やせば値は近くなる。また、上のプログラムで、< 0.25 は $<= 0.25$ にしてもよい。正方形の中に一様にばらまく点がたまたまある曲線の上にぴったり載る確率はゼロだからである。

平均的な距離

例題：一辺の長さが 1 の正方形から任意に 2 点を選ぶとき、その距離は平均していくらくらいか？ x, y, u, v を $(0, 1)$ 区間に一様分布するものとして、$\sqrt{(x-u)^2 + (y-v)^2}$ の平均をとればよい。したがって、

$$\int_0^1 \int_0^1 \int_0^1 \int_0^1 \sqrt{(x-u)^2 + (y-v)^2}\, dx\, du\, dy\, dv$$

が求めるものである。この積分を実行すると、

$$\frac{2+\sqrt{2}}{15}+\frac{1}{3}\log\left(1+\sqrt{2}\right)=0.521405\cdots$$

となる。これを手計算で実行できる人は少ないであろう。しかし、乱数を使って近似値を求めることは簡単である。

```
x = np.random.rand(100) ; y = np.random.rand(100)
u = np.random.rand(100) ; v = np.random.rand(100) ; p = np.zeros(100)
for i in range(100):
    p[i] = np.sqrt((x[i]-u[i])**2 + (y[i]-v[i])**2)
np.mean(p)
------------------------------------------------------
0.5181593751047854
```

さらに問題を複雑にすることもできる。一辺の長さが1の正方形二つが一つの辺を共有して並んでいる。二つの正方形の各々から1点ずつランダムに取り出したとき、その2点の距離は平均してどれくらいか？

二つの正方形を、$[0,1]\times[0,1]$ と $[1,2]\times[0,1]$ とする。この問題は、積分

$$\int_0^1\int_0^1\int_0^1\int_0^1\sqrt{(x_1-x_2-1)^2+(y_1-y_2)^2}dx_1\,dy_1\,dx_2\,dy_2$$

を計算することに帰着する。これは初等関数を使って明示的に計算できるものではあるが、かなり複雑である。実際、

$$\frac{29-2\sqrt{2}-5\sqrt{5}}{30}+\frac{1}{6}\left(8\log\frac{1+\sqrt{5}}{2}+\log\left(2+\sqrt{5}\right)-2\log\left(1+\sqrt{2}\right)\right)$$

となることが知られている。これを実行できる人は上の積分よりももっと少ないであろう（この問題は文献 [61] による）。しかし、乱数を使えば数値実験は簡単である。

```
x = np.zeros(10000)
for i in range(10000):
    y = np.random.rand(4)
    x[i] = np.sqrt((y[0]-y[2]-1)**2 + (y[1]-y[3])**2)
np.mean(x)
----------------------------------------
1.0838083618352359
```

上に示した正しい値は $1.0881382\cdots$ である。

同様の問題はいくらでも考えることができる。たとえば、「一辺の長さが1の立方体の中から任意に1点を選ぶとき、その点とある特定の頂点との距離は平均していくらか？」などなどである（これは文献 [21] による）。

問題

問題 3–2–1： 500個の疑似乱数 x_n のうち $x_n < 0.05$ もしくは $0.95 < x_n$ のものを取り出してみよ。

問題 3–2–2： 一辺の長さが1の立方体から任意に2点を選ぶとき、その距離は平均していくら

くらいか？ 一様乱数を使って、数値実験せよ。

問題 3–2–3： $0 < x < 1, 0 < y < 1, 1 < 2xy$ の面積を求め（手で計算し)、一方、それを二つの一様乱数の組を使って確かめよ。

問題 3–2–4：（乱数の最大値）　$0 \leq x \leq 1$ に一様分布する乱数を n 個取り出して、その最大値の期待値を X_n とする。$X_n = n/(n+1)$ であることは確率・統計の基本であるが、ここではその証明はしない。一様乱数を使ってこれが正しいことを数値実験してみよ。

問題 3–2–5： 単位円周上に点 P をランダムにとる。さらに、正方形 $1 < x < 2, 0 < y < 1$ に点 Q をランダムにとる。このとき、平均して PQ の距離はいくらか？ 数値実験せよ。

3.3　ランダムウォーク

ランダムウォーク (random walk) というのは、現代科学の大事なモデルで、物理学にも化学にも生命科学にも広い応用を持つ。たとえば、物質の拡散はランダムウォークでよく近似できる。

本節では以下を実行しておく。

```
import numpy as np
import matplotlib.pyplot as plt
```

3.3.1　1 次元ランダムウォーク

ランダムウォークには様々なバージョンがある。一番簡単なのは直線上のランダムウォークである。実数直線の原点を出発する点がランダムに右もしくは左に距離 1 だけ動く。これを繰り返す。この点はどのような挙動を示すか？ たとえば、再び原点に戻ってくるまでに平均して何ステップ要するか？ などといった問題が考えられる。

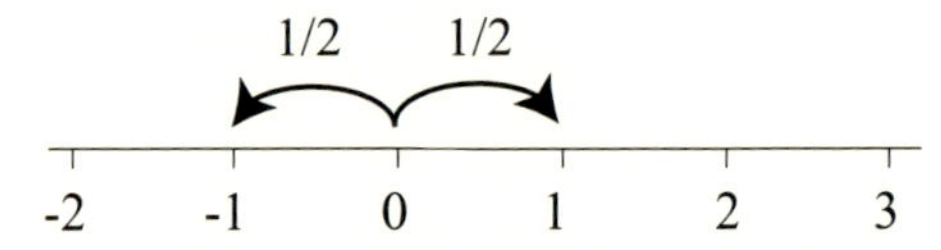

図 3.5　1 次元ランダムウォーク（確率 $\frac{1}{2}$ で右もしくは左に距離 1 だけ移動する）

これは確率論の講義ではないのでこうした問題を理論的に答えることはしない。ここでは乱数を使ってこれらの問題を数値実験してみよう。

右へ行くか左に行くか、確率 1/2 ずつであると仮定する。乱数のふり方にはいろいろとあるだろうが、ここでは汎用性の高い次の方式を採用する。random.rand を使って $(0, 1)$ に一様分布する疑似乱数を 1 個生成する。そしてその値が 1/2 よりも小ならば左に 1 移動し、その値が 1/2 以上ならば右に移動する。次はそこを起点として同じことを繰り返す。

より具体的には、長さ n のベクトル x を用意し、$x[0]=0$ とする。そして各 i について乱数の指示に従って、つまり、np.random.rand() $< 1/2$ ならば $x[i+1]=x[i]-1$、そうでないならば $x[i+1]=x[i]+1$ としてこのベクトルを定義するわけである。plot するとたとえば図 3.6 のようになる。水平軸は x 座標 $x[i]$ で、縦軸は何ステップ進んだのかを示す。すなわち、縦軸の座標は i である。50 ステップくらいから後は座標は負のところに滞在している。しかし、さらに進めるといつかは正のところに戻ってくる。実際、確率 1 で原点を無限回よぎることが証明されている。

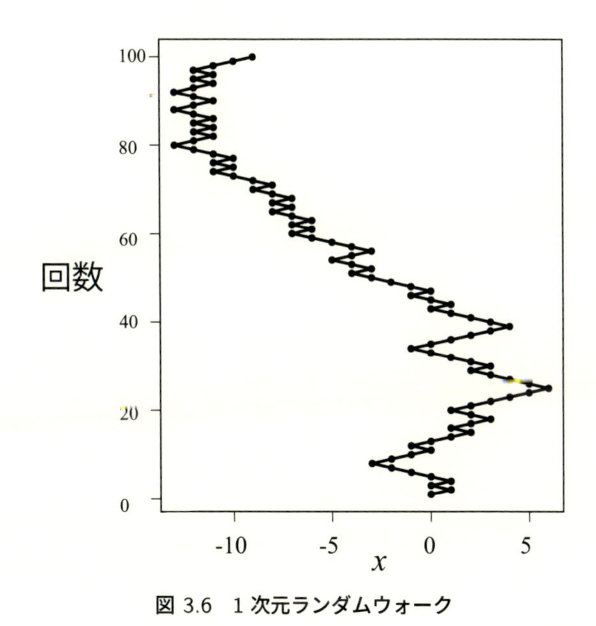

図 3.6　1 次元ランダムウォーク

図 3.6 を描くには、たとえば次のようにしてみればよい。もちろん、乱数や plot といったモジュールは実行しておく。

```
m = 101
x = np.zeros(m)
y = range(m)
for i in range(1,m):
    if np.random.rand() < 0.5:
        x[i] = x[i-1]-1
    else:
        x[i] = x[i-1]+1
plt.plot(x,y)
```

まったく同じプログラムでも実行するたびに違うグラフになることを確かめよ。

1000 回進んだときの原点からの距離を 10000 回計測して平均してみよう。

```
m = 10000 ; n = 1001
r=np.zeros(m)
for k in range(m):
    x = np.zeros(n)
```

```
    for i in range(1,n):
        if np.random.rand() < 0.5:
            x[i] = x[i-1]-1
        else:
            x[i] = x[i-1]+1
    r[k] = abs(x[n-1])
print(np.mean(r))
```

絶対値ではなく、ランダムウォークの最大値を計算することも容易である。

上の問題では右へ動く確率も左へ動く確率も同じであると仮定している。これはある場合には変えた方がよい。たとえば、ある $p \in (0,1)$ が存在して確率 p で左へ動き、確率 $1-p$ で右へ移動するという設定が自然な場合もある。物質が拡散するとき、媒体が一定の速度で右もしくは左に流れている（溶媒が流れているとか風が吹いているとか）ときには $p \neq 1/2$ が自然である。

次の問題はいろいろな解釈が可能である。$x=1$ のところに切り立った崖があって $x=1$ に到達した瞬間に谷底に落ちてそれでゲームが終了するという状況を考える。$x=0$ から出発し、確率 p で左に 1 だけ移動し、確率 $1-p$ で右へ 1 だけ移動する。このときいつかは落ちるという確率はいくらか？ これを問題とする。問題はもちろん p に依存する。

この問題は p の具体的な関数として表すことが可能である. $p \leq 1/2$ ならば確率 1 で落っこちる。$1/2 < p$ ならば確率 $(1-p)/p$ で落っこちる。しかし、ここではその証明はしない。証明はたとえば文献 [57] に書いてある。

この問題で、 $p=2/3$ として、落ちる確率がどの程度か、数値実験から推測せよ。

```
k = 0 ; n = 100 ; p = 2/3
for i in range(n):
    x = 0
    for j in range(1000):
        if np.random.rand() < p:
            x= x-1
        else:
            x=x+1
            if  x == 1:
                k = k+1 ; x=0 ; break

print(k)
----------------------------------
48
```

つまり、100 回ランダムウォークして、48 回は落っこちた。残りは 1000 ステップ移動しても生き残っていた。もちろん、さらにランダムウォークすれば落ちるという確率もあるけれども近似的に約半分は生き残るというわけである。これを何度も数値実験して確かめよ。

注意：このプログラムに break というのが現れている。これは、そこで loop を終えよという命令である。答がわかってしまえばこれ以上計算する意味はない。

3.3.2 2次元の random walk

ランダムウォークを平面の正方格子でやってみる。原点を出発し、random.rand() の値が $< 1/4$ ならば左に 1 移動し、$1/4 \leq$ random.rand() $< 1/2$ ならば右へ 1 移動し、$1/2 \leq$ random.rand() $< 3/4$ ならば真上へ 1 移動し、$3/4 \leq$ random.rand() < 1 ならば真下へ 1 移動すると規約を定めればこれで一つのランダムウォークができる。

これは格子点上を動くランダムウォークである。もっと一般のランダムウォークも定義できる。$a =$ random.normal(), $b =$ random.rand() で a, b を定め、現在の位置から $(a\cos(\pi b), a\sin(\pi b))$ だけ移動するというのも一つのランダムウォークである。つまり、どの方向に移動するかはまったく任意で、進む距離は正規分布に従う。これをブラウン運動の一つのモデルと見ることもできないわけではない。図 3.7 がその一例である。

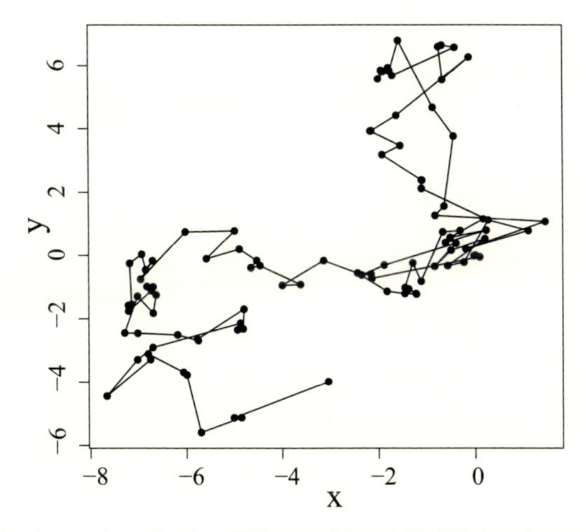

図 3.7 2次元ランダムウォーク（ブラウン運動のモデル、出発点は $(0, 0)$ で 100 回移動している）

2次元のランダムウォークには様々なバリエーションがある。そもそも random walk という言葉が最初に使われたのは、K. Pearson による Nature の記事（1905 年、文献 [62]）が初出である。ここでピアソンは次のような問題を考えた。平面の原点を出発する点がある。まったくでたらめに方向を決め、一定の距離 a だけ動く。次にまったくでたらめに方向を決め、その方向に同じ距離 a だけ動く。これを n 回繰り返したとき、原点からの距離が r と $r + \delta r$ の間にある確率はいくらか？ あるいは、n 回移動した後で、原点中心半径 r の円内にいる確率を $\int_0^r f(t)dt$ とするとき、分布関数 f を求めよ、と言い換えてもよい。

これは決して易しい問題ではないが、数値実験することは難しくない。$(x[0], y[0]) = (0, 0)$ から出発して $a = 1$ とし、200 回動かしてみると図 3.8 を得る。プログラムは、以下の通りである。

```
x = np.zeros(200) ; y = np.zeros(200)
for i in range(1,200):
    w =2*np.pi*np.random.rand() ;x[i]=x[i-1]+np.cos(w) ; y[i]=y[i-1]+np.sin(w)
plt.xlabel("x",fontsize=28)
plt.ylabel("y",fontsize=28)
plt.xticks(fontsize=18)
```

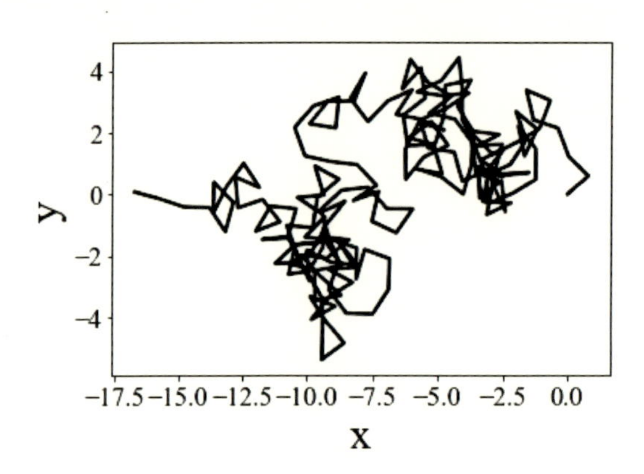

図 3.8　ピアソンの 2 次元ランダムウォーク（$a = 1$、出発点は $(0, 0)$ で 200 回移動している）

```
plt.yticks(fontsize=18)
```

同じことをもう一度やると全然別のグラフが見えてくることを確かめよ。

ピアソンのランダムウォークの最終到達点と原点の距離をヒストグラムで見てみると、図 3.9 を得る。これを描くには次のようにする。

```
m = 5000 ; n = 200
z = np.zeros(m)
x = np.zeros(n) ; y = np.zeros(n)
for k in range(m):
    for i in range(1,n):
        w =2*np.pi*np.random.rand() ;x[i]=x[i-1]+np.cos(w) ; y[i]=y[i-1]+np.sin(w)
    z[k] = np.sqrt( x[n-1]**2 + y[n-1]**2 )
plt.hist(z)
```

確率分布は n が大きいとき、$f(t) \approx \frac{2t}{n} \exp(-t^2/n)$ であることが Rayleigh によって示されている。$n = 200$ のときにはおおよそ $t = 10$ で f は最大値をとる。図 3.9 はこれと概ね一致している。

次のランダムウォークは平面の第 1 象限を動くランダムウォークである。これはバナッハの問題（3.1 節参照）に応用できる。左下隅の原点から出発する。確率 1/2 で右へ 1 だけ移動し、

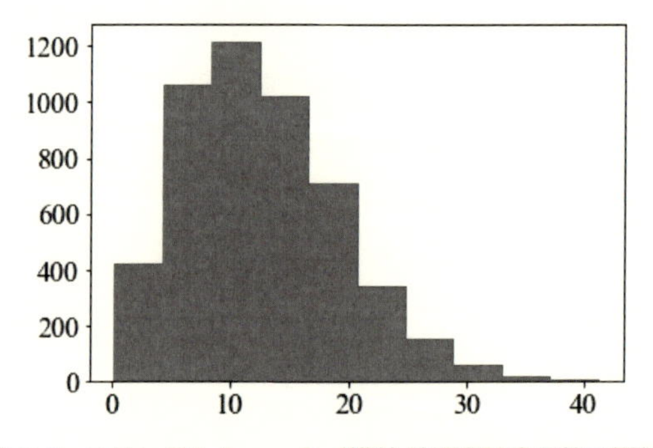

図 3.9　ピアソンのランダムウォーク（横軸が最終到達距離で縦軸が頻度）

確率 1/2 で上に 1 だけ移動する。図 3.10 を参照せよ。一様乱数をつくって、1/2 以下ならば右に移動し、そうでなければ上に移動する、とするのが一つの方法である。$x = n + 1$ あるいは $y = n + 1$ になったらそこで停止する（break を使えばよい）。そのときの y あるいは x の値を m としたときに、$n - m$ が残されたコインの個数である。これの期待値を求めるのがバナッハの問題であった。

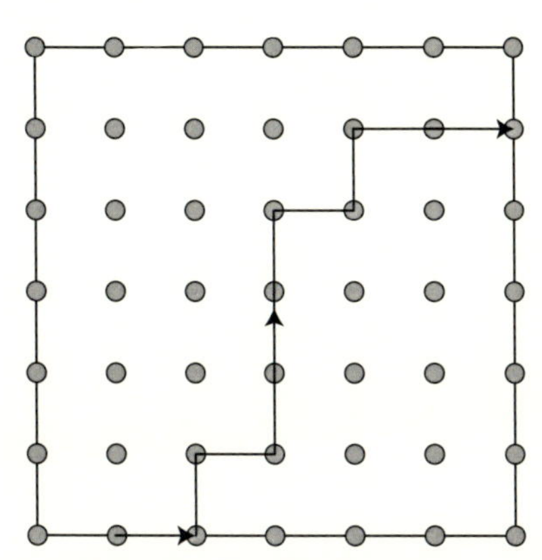

図 3.10　第 1 象限を動くランダムウォーク（$n = 6$ の場合）

```
n = 100 ; m = 2*(n+1)
x = np.zeros(m) ; y = np.zeros(m)
for i in range(1,m):
    if np.random.rand() < 0.5:
        x[i] = x[i-1] + 1
        y[i] = y[i-1]
    else:
        y[i] = y[i-1] + 1
        x[i] = x[i-1]
    if x[i] > n:
        print(n-y[i])
        break
    if y[i] > n:
        print(n-x[i])
        break
```

$n = 100$ のとき、平均してみれば、残ったコインは約 10 個であることがわかる。

問題

問題 3–3–1： 図 3.6 に対応するものを作成せよ。

問題 3–3–2： 上で説明した、第 1 象限におけるランダムウォークの問題をバナッハの問題に関連づけて、いくつかの数値実験をせよ。そして期待値がだいたい $E_n \sim 2\sqrt{\dfrac{n}{\pi}} - 1$ であることを確かめよ。

問題 3–3–3： 本節冒頭に現れた1次元ランダムウォークを考える。平均してみれば、10000ステップ後に原点からの距離はどれほどか? 計算するプログラムを書き下せ。

3.4　最小二乗法

最小二乗法[7]はガウスとルジャンドルが（たぶん独立に）発見した方法で、データから何らかの数学法則を推測するときになくてはならないものである。その応用は広く、方法も多岐にわたるが、ここでは入り口を瞥見するにとどめる。これだけ重要なものはそうはないので、データサイエンスでも必須の知識であるから、そのアイデアだけでも理解してほしい。

本節でもまず以下を実行しておく。

```
import numpy as np
import matplotlib.pyplot as plt
```

3.4.1　簡単な最小二乗法の例

最小二乗法は、データからある種の関数関係を推測するためによく使われる方法である。例で説明するのが一番である。N 個のデータ (x_i, y_i) $(1 \leq i \leq N)$ が与えられているものとせよ。また、このデータがある線形関係を近似的に満たしていることが期待されているものとせよ。すなわち、$y_k \approx Ax_k + B$ となる定数 A, B の存在が期待できるものとする。しかし、A, B の値はわからない。そんなとき、A, B の値を推測したい。そのために、

$$f(A, B) := \sum_{i=1}^{N} |Ax_i + B - y_i|^2$$

を最小にする A, B をもって、$y = Ax + B$ をその線形関係と推測する。これが最小二乗法のアイデアである。二乗ではなく

$$\sum_{i=1}^{N} |Ax_i + B - y_i|$$

を最小にせよ、と要求することも可能であるし、もっと一般のべき乗でも定義することは数学的には可能である。しかし、二乗を用いると都合のよいことも多い。一乗を使って定義すれば上記の関数は A あるいは B について微分可能ではない。二乗を使えば常に微分可能となる。これは大きな利点となる。

上の式を $f(A, B)$ とおくと、最小であるという要請から、

$$\frac{\partial f}{\partial A} = \frac{\partial f}{\partial B} = 0$$

が必要条件となる。これを書き下すと

7　最小自乗法ということもあるが、同じものである。

$$A\sum_{i=1}^{N}x_i^2 + B\sum_{i=1}^{N}x_i = \sum_{i=1}^{N}x_iy_i, \qquad A\sum_{i=1}^{N}x_i + NB = \sum_{i=1}^{N}y_i.$$

これは A, B に関する 2 元連立方程式であり、これの解が求める A, B である。すなわち、

$$A = \frac{N\sum_{i=1}^{N}x_iy_i - \left(\sum_{i=1}^{N}x_i\right)\left(\sum_{i=1}^{N}y_i\right)}{N\sum_{i=1}^{N}x_i^2 - \left(\sum_{i=1}^{N}x_i\right)^2},$$

$$B = \frac{\left(\sum_{i=1}^{N}x_i^2\right)\left(\sum_{i=1}^{N}y_i\right) - \left(\sum_{i=1}^{N}x_i\right)\left(\sum_{i=1}^{N}x_iy_i\right)}{N\sum_{i=1}^{N}x_i^2 - \left(\sum_{i=1}^{N}x_i\right)^2}.$$

ここで次の例題を考えてみよう。

身長	160.0	167.0	175.5	178.8	190.5
体重	55.0	56.6	67.5	77.0	78.3

身長と体重がこのようなデータのとき、A と B を求めよ。データを plot すると図 3.11 のようになる。

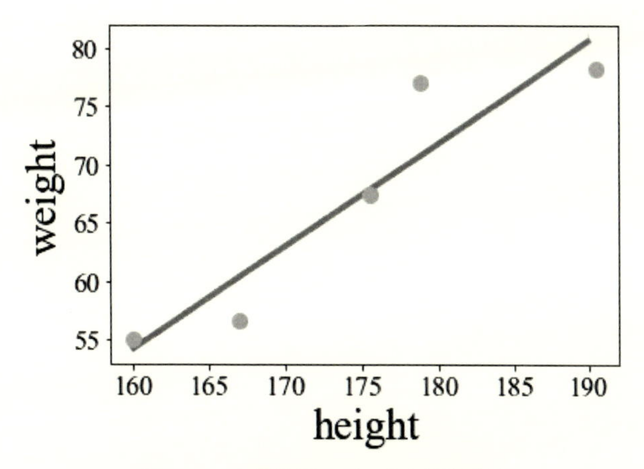

図 3.11 身長体重のデータと回帰曲線

```
x = np.array((160.0,167.0,175.5,178.8,190.5))
y = np.array((55.0,56.6,67.5,77.0,78.3))
z = np.dot(x,y) ; w = np.dot(x,x) ; u = sum(x) ; v = sum(y)
d = 5*w - u*u ; a = (5*z - u*v)/d ; b = (w*v - z*u)/d
p = np.array((160,190))  ; q = np.array((160*a+b,190*a + b))
plt.plot(p,q)
plt.plot(x,y,marker='o', linestyle='None')
```

Python には直線回帰（直線で最小二乗法を実行する）ができる関数が用意されているからそれを使う方が早い。しかし、上のような原理的な計算をしておくことも、プログラミングの練習としては意味があろう。

実は上に述べた問題は、最小二乗法のほんの一部である。そもそも、身長と体重に線形の関係があるというわけではない。線形関数で近似できると仮定すればこうなる、というだけの話である。x と y の関係は $y = Ax + B + \delta x^2$ で、δ は小さな数である、ということだってあり得る。問題によってはその方が現実に即した仮定になることだってある。そのような場合でも最小二乗法のアイデアは使えるのである。もちろん、線形でなければ計算は複雑になる。

3.4.2　最小二乗法の始まり

最小二乗法はルジャンドルが 1805 年に発表したものが一番古い。ガウスはそれ以前に最小二乗法の有用性に気づいていたけれども、印刷公表していなかったのだから、学者の先取権はルジャンドルに上げる必要がある。後で、実は XX 年前に $\cdots$、と言ってもそれはずるい。

予想される関係式は線形でなくてもよい。ルジャンドルは素数定理にこれを応用した。Essai sur la théorie des nombres（1808 年）の 394 ページにそれが見える。$x \leq 400,000$ に対して、x 以下の素数の個数を $\pi(x)$ としたときに、これらを計算して、

$$\pi(x) \approx \frac{x}{A \log x - B}$$

となるように A, B を推測する、というふうにルジャンドルは問題を設定した。たとえば、

$$\sum_{n=1}^{400,000} \left| \pi(n) - \frac{n}{A \log n - B} \right|^2 \quad \text{あるいは} \quad \sum_{n=100,000}^{400,000} \left| \pi(n) - \frac{n}{A \log n - B} \right|^2$$

を最小にする A, B を求めればその数値は出てくる。

現在では

$$\pi(x) \approx \frac{x}{\log x} \qquad (x \to \infty)$$

であることが証明されている。これは素数定理というものである。ガウスもルジャンドルもこれを予想してはいたが、証明はできなかった。証明はガウスもルジャンドルも想像できなかったところから出てきた。複素関数論である。リーマンが素数定理と複素関数論の関係を示し、その方針に沿ってアダマール (Jacques Salomon Hadamard) とド・ラ・ヴァレー・プーサン (Charles Jean Gustave Nicolas Baron de la Vallée Poussin) が 1896 年に証明に成功した[8]。

3.4.3　例題

1.3 節で考えた東京の平均気温のデータを、

$$y = a \sin\left(\frac{\pi x}{6} + b\right) + c$$

で近似することもできる。しかし、a, b, c を求めようとすると非線形方程式になることがわかるので、自分でプログラムを書こうとするとそう簡単ではない。n 月の平均気温を t_n で表し、

$$f(a, b, c) := \sum_{n=1}^{12} \left(a \sin\left(\frac{\pi n}{6} + b\right) + c - t_n \right)^2$$

8　本講義とは何の関係もないことではあるが、証明に興味があれば、D. Zagier, Newman's short proof of the prime number theorem, *American Mathematical Monthly*, **104** (1997), 705–708 をお勧めする。Zagier の証明を解説した日本語のインターネットサイトも見られる。

としたとき、これを最小化させる (a, b, c) を探せばよい。微分して $\dfrac{\partial f}{\partial a} = 0$, $\dfrac{\partial f}{\partial b} = 0$, $\dfrac{\partial f}{\partial c} = 0$. これを a, b, c に関する連立方程式とみて解けばよい。しかし、これは実に面倒である。ベクトル t を気象庁のデータから定義し、scipy の optimize などを用いると、最小値を達成する値が計算されてくる。しかし、その結果ははたして信用できるものであろうか？ このように未知変数が 3 個くらいならば心配はいらないかもしれない。しかし、変数の個数が増えると、極小値の個数は爆発的に増える。そのような極小値のどれかを与えているというのは正しいであろうが、本当に最小値を計算しているのかどうかは確信が持てないことも多い。

どのような数値的最適化手法も、原則として局所的最適値しか見つけられないと思っていた方が安心である。要するに盲信はいけないということである。

表 3.1 ボート競技の優勝タイム

	(i)	(ii)	(iii)	(iv)
1	7.16	7.25	7.28	7.17
2	6.87	6.92	6.95	6.77
4	6.33	6.42	6.48	6.13
8	5.87	5.92	5.82	5.73

非線形方程式になる場合でもう少し簡単な例として、ボート競技のデータを考えてみよう。ボート競技は通常、1 人、2 人、4 人、もしくは 8 人でこぐ。それぞれ、シングル、ダブル、フォア、エイトと呼ばれる。距離 2000 メートルを 5 分から 7 分でこぎ切る。こぎ手が多ければそれだけ速くなるが、人数が多い分ボートも水中に沈み、水の抵抗を受けるので、人数に比例して速くなるわけではない。

文献 [54] によれば、上記の表 3.1 のようなデータがあるという。ここで一番左の列はこぎ手の数である。ある競技会 (i) におけるベストタイムを単位を分として第 2 列目に記してある。以下同様に別の競技会におけるベストタイムを表にしてある。これを図示すると図 3.12 のようになる。これから何らかの法則が見いだされるであろうか。

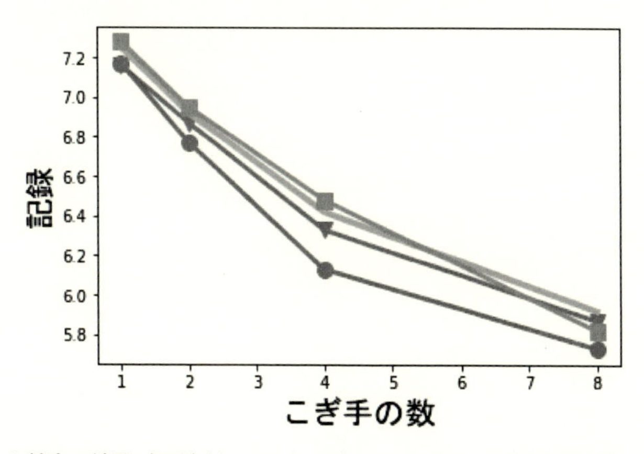

図 3.12 ボート競走の結果（▼が (i), マーカーがついていないのが (ii), ■ が (iii), ●が (iv)）

文献 [54] によればこぎ手の数 x と時間 y には $yx^\alpha =$ 定数 という関係が期待できるという。彼の「理論」が正しいとしてその数値を最小二乗法で求めてみよう。$y = cx^{-\alpha}$ が期待できる。そして、我々には上の表のような (x_i, y_i) が手元にある。$x_i = 2^{i-1} \quad i = 1, 2, 3, 4$ である。上の 4×4 行列を y_{ij} で表す。c と α を未知定数とする。

$$\sum_{i=1}^{4}\sum_{j=1}^{4}\left(y_{ij} - c2^{-(i-1)\alpha}\right)^2$$

を最小にする c, α を求めればよい。$z = 2^{-\alpha}$ とおくと、

$$4\sum_{i=1}^{4}\left(A_i - 2cz^{i-1}B_i + c^2z^{2i-2}\right) \tag{3.1}$$

と書き直すことができる。ここで、

$$A_i = \frac{1}{4}\sum_{j=1}^{4} y_{ij}^2, \qquad B_i = \frac{1}{4}\sum_{j=1}^{4} y_{ij}.$$

式 (3.1) を c で微分すると、

$$4\sum_{i=1}^{4}\left(-2z^{i-1}B_i + 2cz^{2i-2}\right) = 0.$$

すなわち、

$$c = \frac{B_1 + B_2z + B_3z^2 + B_4z^3}{1 + z^2 + z^4 + z^6}. \tag{3.2}$$

式 (3.1) を z で微分すると、

$$\sum_{i=1}^{4}\left(-2(i-1)cz^{i-2}B_i + 2(i-1)c^2z^{2i-3}\right) = 0.$$

すなわち、

$$c = \frac{B_2 + 2B_3z + 3B_4z^2}{z + 2z^3 + 3z^5}. \tag{3.3}$$

式 (3.2) と (3.3) を (c, z) に関する連立方程式とみて解けばよい。c を消去すれば、z の方程式

$$\begin{aligned}-B_2 + (B_1 - 2B_3)z - 3B_4z^2 + (2B_1 - B_3)z^3 + (B_2 - 2B_4)z^4 \\ +3B_1z^5 + (2B_2 - B_4)z^6 + B_3z^7 = 0\end{aligned}$$

を得る。B_i に与えられたデータを入れたらこれは z の方程式になる。これを数値計算すれば z を求めることができる。

```
b1 = (7.16+7.25+7.28+7.17)/4
b2 = (6.87 + 6.92 + 6.95 + 6.77)/4
b3 = (6.33 + 6.42 + 6.48+ 6.13)/4
b4 = (5.87 + 5.92 + 5.82 + 5.73)/4
p=[b3,2*b2-b4,3*b1,b2-2*b4,2*b1-b3,-3*b4,b1-2*b3,-b2]
np.roots(p)
----------------------------------------
array([-0.82301768+1.62290094j, -0.82301768-1.62290094j,
        0.93163043+0.j        ,  0.01769902+0.93285373j,
        0.01769902-0.93285373j, -0.28510224+0.56804231j,
       -0.28510224-0.56804231j])
```

実根 $z = 0.93163043$ と $z = 2^{-\alpha}$ から α を求めると、次のようになる。

```
-np.log(0.93163043)/np.log(2)
--------------------------------------
0.10217033158041433
```

McMahon の理論的な予測値は $1/9$ である。大きく外れてはいない。c を求めると、次のようになる。

```
z = 0.9316304
print((b2+2*b3*z + 3*b4*z**2)*z/( z**2 + 2*z**4 + 3*z**6 ))
--------------------------------------
7.280190059854469
```

かくして、ボート競争のこぎ手の数 x とかかる時間 y には $y = cx^{-\alpha} \approx 7.28x^{-0.102}$ という関係が推測されることになる。

3.4.4 最小二乗法による関数の近似

$-\pi \leq x \leq \pi$ における関数 $\sin x$ を、$1, x, x^2, \cdots, x^5$ の線形結合によって最小二乗法で近似せよ。これと Taylor 近似

$$\sin x \approx x - \frac{x^3}{6} + \frac{x^5}{120}$$

の"近さ"を比較せよ。$(a_0, a_1, a_2, \cdots, a_5)$ を、

$$\phi(a_0, a_1, a_2, a_3, a_4, a_5) := \int_{-\pi}^{\pi} \left| \sin x - \sum_{n=0}^{5} a_n x^n \right|^2 dx$$

を最小になるようにとればよい。関数解析の言葉を借りれば、L^2 ノルムをできるだけ小さくするように係数を決める（この言葉の意味は本講義ではどうでもよいことである）。

a_j で微分すれば、

$$\frac{\partial \phi}{\partial a_j} = 2\int_{-\pi}^{\pi} \left(\sin x - \sum_{n=0}^{5} a_n x^n \right) x^j \, dx = 0.$$

すなわち、

$$\sum_{n=0}^{5} a_n \int_{-\pi}^{\pi} x^{n+j} \, dx = \int_{-\pi}^{\pi} x^j \sin x \, dx.$$

これは、

$$\begin{pmatrix} 2\pi & 0 & \frac{2\pi^3}{3} & 0 & \frac{2\pi^5}{5} & 0 \\ 0 & \frac{2\pi^3}{3} & 0 & \frac{2\pi^5}{5} & 0 & \frac{2\pi^7}{7} \\ \frac{2\pi^3}{3} & 0 & \frac{2\pi^5}{5} & 0 & \frac{2\pi^7}{7} & 0 \\ 0 & \frac{2\pi^5}{5} & 0 & \frac{2\pi^7}{7} & 0 & \frac{2\pi^9}{9} \\ \frac{2\pi^5}{5} & 0 & \frac{2\pi^7}{7} & 0 & \frac{2\pi^9}{9} & 0 \\ 0 & \frac{2\pi^7}{7} & 0 & \frac{2\pi^9}{9} & 0 & \frac{2\pi^{11}}{11} \end{pmatrix} \begin{pmatrix} a_0 \\ a_1 \\ a_2 \\ a_3 \\ a_4 \\ a_5 \end{pmatrix} = \begin{pmatrix} 0 \\ 2\pi \\ 0 \\ 2\pi(\pi^2 - 6) \\ 0 \\ 2\pi(\pi^4 - 20\pi^2 + 120) \end{pmatrix}$$

と書くことができる。直ちにわかるように、$a_0 = a_2 = a_4 = 0$ となる。$\sin x$ は奇関数であるから、ある意味で当然である。

2π で割ると、

$$\begin{pmatrix} \frac{\pi^2}{3} & \frac{\pi^4}{5} & \frac{\pi^6}{7} \\ \frac{\pi^4}{5} & \frac{\pi^6}{7} & \frac{\pi^8}{9} \\ \frac{\pi^6}{7} & \frac{\pi^8}{9} & \frac{\pi^{10}}{11} \end{pmatrix} \begin{pmatrix} a_1 \\ a_3 \\ a_5 \end{pmatrix} = \begin{pmatrix} 1 \\ \pi^2 - 6 \\ \pi^4 - 20\pi^2 + 120 \end{pmatrix}.$$

これを解いて a_j $(j = 1, 3, 5)$ を求め、$\sum_{j=0}^{5} a_j x^j$ を $\sin x$ の近似関数とすればよい。

```
import numpy.linalg as lin
import matplotlib.pyplot as plt
import numpy as np
p = np.pi ; w1 = p*p/3 ; w2 = p**4/5 ; w3 = p**6/7
w4=p**8/9 ; w5 = p**10/11
a = np.array([[w1,w2,w3],[w2,w3,w4],[w3,w4,w5]])
b = np.array([1,p*p-6,p**4-20*p*p + 120])
c = lin.solve(a,b)
x = np.linspace(-p,p,200)
y = np.sin(x)
z = c[0]*x +c[1]*x**3 + c[2]*x**5
v = x - x**3/6 + x**5/120
plt.grid()
plt.xticks(range(-3,4),fontsize=18)
plt.yticks(np.linspace(-1,1,9),fontsize=18)
plt.plot(x,y,linewidth=3,color='red')
plt.plot(x,z,linewidth=3,color='black')
plt.plot(x,v,linewidth=3,linestyle='dashed')
```

こうすると図 3.13 を得る。$|x|$ が小さいときはどちらでもよく合うが、$|x|$ が大きくなると、テーラー展開（図の破線）は結構ずれる。一方、最小二乗法ではよく合っている（図 3.13 では $\sin x$ とその最小二乗近似が近いので実質的に上書きになっている）。

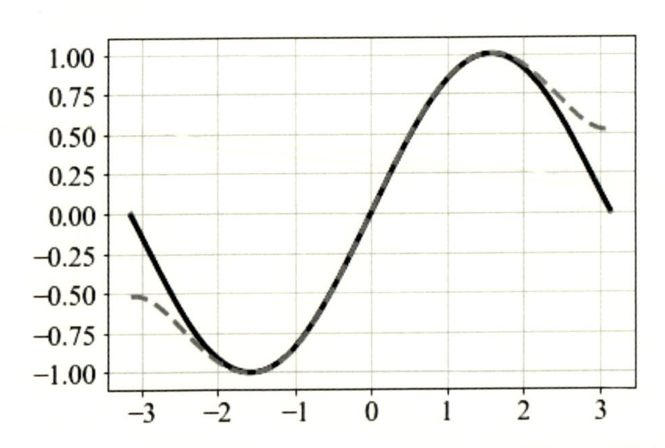

図 3.13　$-\pi < x < \pi$ における、$\sin x$, その 5 次のテイラー展開および最小二乗近似

numpy.polynomial.polynomial によって近似 5 次多項式を計算してみると、

```
import numpy as np
import numpy.polynomial.polynomial as npp
import matplotlib.pyplot as plt
x = np.linspace(-np.pi,np.pi,200)
y = np.sin(x)
```

```
z = npp.polyfit(x, y, 5)
plt.plot(x,y)
u = z[0] + z[1]*x + z[2]*x**2 + z[3]*x**3 + z[4]*x**4 + z[5]*x**5
plt.plot(x,u)
```

となり、結構精度はよい。こうした方法は 5.3 節で解説する。

問題

問題 3–4–1： 身長と体重のデータが以下のように与えられているときに A, B を求め、これを図示せよ。

身長	158.7	162.0	167.5	175.1	179.8	190.3
体重	60.5	55.3	56.8	69.5	77.8	83.3

問題 3–4–2： 本資料にあるボート競技のこぎ手の数とベストタイムの関係を半ページ以内にまとめよ。

3.5 数式処理

数値計算と違い、数式処理とは文字通り数式（記号）を変形して所望のものを導き出すソフトウェアのことである。コンピュータ言語には数式処理を簡単に提供する機能はない。当然専門のソフトウェアを使わざるを得ない。Mathematica とか Maple といったものがそういった要求に応えてくれる。しかし、こういったソフトは大変高価である。Python には、Sympy という数式用のモジュールがフリーで提供されている。Wolfram|Alpha とか Maple for Students といったものでもフリーで数式処理ができるが、せっかく Python を使っているのだから、Sympy で数式処理をやってみよう。

3.5.1 準備

まずは

```
import sympy
```

を実行する。何もしないと、ふつうの浮動小数だと思われてしまうから、数式処理の文字だと宣言しなくてはならない。

```
x = sympy.Symbol('x') ; y = sympy.Symbol('y') ;w = (x+y)**5
type(w)
-----------------------------------
sympy.core.power.Pow
```

この 1 行目で、x も y も w も数式処理の対象となる。2 行目は変数の型を問うている。破線の下が Python の反応である。これが何を意味しているか、深く考える必要はない。数式 $(x+y)^5$ を展開するには

```
sympy.expand(w)
```

とする。二項展開された式が出てくることを確認せよ。数式であることを宣言するには、

```
x, y, z = sympy.symbols('x y z')
```

という書き方もできる。まとめてできるので便利である。

3.5.2 因数分解

ここではまず、因数分解をやってみよう。式の展開もできるが、因数分解の方が難しいので、因数分解を簡単に実行してくれるソフトは重宝する。インターネットには Wolfram|Alpha など、ただでオンラインで因数分解してくれるサイトは存在する。それらには十分にレベルの高いものも存在する。

```
sympy.factor(x**2 - 7*x + 12)
```

とやれば $(x-4)(x-3)$ が出力されるはずである。この程度であれば暗算でも計算できる。次に、

```
sympy.factor(x**2 - 7*x + 1)
```

と入力すると、x^2-7x+1 が結果として出てくる。これは有理数体 $\mathbb{Q}$ で因数分解しているからこうなるのである（x^2-7x+1 は $\mathbb{Q}$ で既約である）。

$$\left(x-\frac{7-3\sqrt{5}}{2}\right)\left(x-\frac{7+3\sqrt{5}}{2}\right)$$

は、普通にやっているだけでは因数分解してくれない（しかし、Wolfram|Alpha ではやってくれる）。

複素数体で因数分解するには

```
sympy.factor(x*x+1,gaussian=True)
```

とする。$(x-i)(x+i)$ が返ってくる。しかし、

```
sympy.factor(x**4+1,gaussian=True)
```

とやっても、$(x^2-i)(x^2+i)$ が返ってくるだけである。本来、

$$\left(x-\frac{1+i}{\sqrt{2}}\right)\left(x-\frac{-1+i}{\sqrt{2}}\right)\left(x-\frac{-1-i}{\sqrt{2}}\right)\left(x-\frac{1-i}{\sqrt{2}}\right)$$

という結果が期待されるが、これをするには $\sqrt{2}$ を $\mathbb{Q}$ に付け加えて、その体 $\mathbb{Q}(\sqrt{2})$ の上で因数分解せねばならないが、そのためにどうしたらよいのか、我々にはわからない。たぶん、どこかでこういうことを実行できるモジュールを開発している人はいるものと推測する。

係数として何が許されるのか考えないと所望の結果が出ないことがある。たとえば、x^2+1 を因数分解すれば、有理数体 $\mathbb{Q}$ あるいは実数体 $\mathbb{R}$ の範囲では x^2+1 は既約であり、x^2+1 が結果であると言われてしまう。しかし、複素数体 $\mathbb{C}$ を許せば、$(x-i)(x+i)$ がその結果となる。

```
sympy.factor(x**4+x**3+x**2+x+1,gaussian=True)
```

とやっても同じ数式が返されるだけである。これは

$$x^4+x^3+x^2+x+1=\left(x^2-\frac{1-\sqrt{5}}{2}x+1\right)\left(x^2-\frac{1+\sqrt{5}}{2}x+1\right)$$

と因数分解できるはずであるが、これをやってくれるには、$\sqrt{5}$ という表現を数式に繰り込む必要がある。Sympy でもそういうことができないことはないようだが、面倒だし、ここでは追求しないことにする。

練習問題　ax^2+bx+c の a,b,c に、自分の学籍番号あるいはそれを自由に変形したものを使い、因数分解してみよ。

$x^4+10x^3+54x^2+131x+200$ を因数分解してみよ。$(x^2+3x+8)(x^2+7x+25)$ が答となるはずである。$x^4+10x^3+54x^2+131x+200=(x^2+3x+8)(x^2+7x+25)$ が手計算でできる人はそう多くはないであろう。

因数分解以外にも様々な代数的処理を実行することができる。たとえば、$x=\sqrt{2}$ のときに $x^5-20x^4+163x^3-676x^2+1424x-1209$ の値はいくらか、という計算をしようと思えば、

```
x = sympy.sqrt(2) ; x**5-20*x**4+163*x**3-676*x**2+1424*x-1209
```

と入力すると、

```
1754 sqrt(2) - 2641
```

が返ってくる（ここで注意すべきなのは、x に $\sqrt{2}$ を代入してしまうと、それ以後は x は文字式 x ではなく $\sqrt{2}$ になるので、元の数式に戻っても、もはや多項式ではなくなっていることである）。

部分分数展開もやってくれる。部分分数展開は有理関数の積分において中心的な役割を果たす。x を文字であると宣言してから、

```
sympy.apart(1/(x**4-1))
```

とすると

$$-\frac{1}{2(x^2+1)}-\frac{1}{4(x+1)}-\frac{1}{4(x-1)}$$

が返ってくる。

$$\frac{1}{x^4+10x^3+54x^2+131x+200}$$

の部分分数展開を手で実行できる人はなかなかいないであろう。Sympy では一瞬で答が出る。

ある程度の計算はやってくれるようだ。しかし、Maple や Mathematica のように高度なことはできないので、あまり大きな期待をかけるのも問題である。

3.5.3　式の整理

式変形は正しく行われているのだけれども、きれいに整理されていない数式が返ってくることがある。そういうときには simplify を使うと見やすくなることもある。以下の三つの例を見て

いただければ意味はわかると思う。

```
sympy.simplify((x**2 -3*x + 2)/(x-1))
sympy.simplify((x**3 -3*x + 2)/(x-1)**2)
sympy.simplify(1/(x-1) - 1/(x-3))
```

一方で、$(\sqrt{x}+1)^2 = x+1+2\sqrt{x}$ であるが、

```
sympy.simplify(sympy.sqrt(x+1 + 2*sympy.sqrt(x)))
```

は $\sqrt{x}+1$ を返してくるであろうか？ 残念ながら、そこまで賢くはないようである。

3.5.4　不定積分

不定積分 $\int\left(x^3+3\right)dx$ を sympy で計算してみよう。

```
sympy.integrate(x**3+3,x)
```

とやると $\dfrac{x^4}{4}+3x$ が返ってくる（積分定数は出てこない）。ここで、$(x ** 3+3, x)$ の $,x)$ は x について積分せよという意味である。今の場合変数は x だけであるから x は省略可能である。$\int\left(x^3+a\right)dx = \frac{1}{4}x^4+ax$ を計算するには

```
a = sympy.Symbol('a')
sympy.integrate(x**3 + a,x)
```

とすればよい。ここで、x を省略して $(x ** 3+a)$ としてはならない。$\int x^3 \sin x\, dx$ ならば、

```
sympy.integrate(x**3*sympy.sin(x),x)
```

とやると $-x^3\cos x+3x^2\sin x+6x\cos x-6\sin x$ が返ってくる（積分定数は出てこない）。

```
sympy.integrate(1/(x**2+1)**4)
```

とやると

$$\frac{15x^5+40x^3+33x}{48x^6+144x^4+144x^2+48}+\frac{5}{16}\arctan x$$

が返ってくる。

こうした不定積分は手でやるよりもずっと効率的である。

不思議なのは、

```
sympy.apart(1/(x**4+1))
```

と入力しても何もしてくれないのに、

```
sympy.integrate(1/(x**4+1), x)
```

とすると、

$$-\frac{\sqrt{2}}{8}\log(x^2-\sqrt{2}x+1)+\frac{\sqrt{2}}{8}\log(x^2+\sqrt{2}x+1)$$
$$+\frac{\sqrt{2}}{4}\arctan(\sqrt{2}\,x-1)+\frac{\sqrt{2}}{4}\arctan(\sqrt{2}\,x+1)$$

が返ってくることである。

3.5.5 微分

ややこしい式の微分も実行できる。たとえば、$\arcsin(ax)$ の導関数は

```
sympy.diff(sympy.asin(x*a),x)
```

で計算できる（二つの文字 x と a があるときはどちらについて微分するのか、指定せねばならない。上の場合、x を入れることによって、x について微分するということになる)。n 階導関数が必要ならば引数 n を付け加える。

```
sympy.diff(x**10,x,3)
```

とすれば $720x^7$ が返ってくる。

3.5.6 簡単な線形代数

```
x + y + z = 0,   x + 2y + 3z = 1,   x + 3y + 4z = 2
```

といった簡単な連立方程式であれば、Sympy は数式として解いてくれる。

```
x,y,z=sympy.symbols('x y z')
f1=x+y+z  ;  f2= x+2*y+3*z-1  ;  f3= x+3*y+4*z-2
sympy.solve([f1,f2,f3])
------------------------------
{x: -1, y: 1, z: 0}
```

もちろん、数値計算しても答は出る。しかし、sympy では 1.000000000007 といったような答は出ない。確実に 1 であると納得できるのが sympy の長所である。また、文字も使える。

```
a, x,y,z=sympy.symbols('a x y z')
f1=a*x+y+z ; f2=x+2*y+3*z-2*a+1 ; f3=x+3*y+4*z-3*a+1
sympy.solve([f1,f2,f3],[x,y,z])
```

とする。solve() の中で $[x, y, z]$ について解きなさいという指定をしなければならない。こうすると a はパラメータであると認識される。

```
sympy.solve(x**2+a*x - 1,[x])
---------------------------------------
[-a/2 - sqrt(a**2 + 4)/2, -a/2 + sqrt(a**2 + 4)/2]
```

これが何を意味するか、すぐにおわかりであろう。

```
a, b, c, d =sympy.symbols('a b c d')
u=sympy.Matrix([[a,b], [c,d]])
u.det()
```

これで $\begin{pmatrix} a & b \\ c & d \end{pmatrix}$ の行列式が数式として計算される。

固有値は .eigenvals() を使う。

```
a = sympy.Matrix([[1,3,0],[0,x,1],[0,0,3]])
a.eigenvals()
-------------------------
{3: 1, x: 1, 1: 1}
```

固有値の後に出てくる数値は重複度である。この例では固有値が $3, x, 1$ で、各々の重複度が 1 であることを意味する。

```
a = sympy.Matrix([[1,3,0],[0,x,1],[0,0,1]])
a.eigenvals()
-------------------------
{1: 2, x: 1}
```

3.5.7　素因数分解

自然数の素因数分解も sympy を使えば簡単にできる。factorint() を使えばよい。

```
sympy.factorint(23)
------------------------------
{23: 1}
```

これで 23 が素数であることがわかる。左が素因数（今の場合は 23）で右が多重度（今の場合は 1）である。39203 を素因数に分解してみよう。手でやると結構面倒くさい。しかし、sympy なら一瞬である。

```
sympy.factorint(39203)
------------------------------
{197: 1, 199: 1}
```

すなわち、$39203 = 197 \times 199$ が素因数分解である。

```
sympy.factorint(78100680)
------------------------------
{2: 3, 3: 1, 5: 1, 7: 1, 109: 1, 853: 1}
```

これは、$78100680 = 2^3 \times 3 \times 5 \times 7 \times 109 \times 853$ を意味する。

```
sympy.factorint(297808371979017677)
------------------------------
{139: 1, 2142506273230343: 1}
```

また、次のようになる。

```
x= 2142506273230343**2
sympy.factorint(x)
------------------------------
{2142506273230343: 2}
```

例題：1234567891 が素数であることを確かめよ。

この程度の大きさならばほんの一瞬であるが、巨大な数になると時間もかかる。たとえば、メルセンヌ数 $2^{127}-1$ の素因数分解はほんの一瞬であり、$2^{197}-1$ の素因数分解は 0.002 秒程度であるが、$2^{253}-1$ はそう簡単ではない。最新の CPU でも 8 分くらいかかる。$2^{257}-1$ の素因数分解はもっともっと時間がかかる。$2^{193}-1$ を素因数分解すると、かなり時間がかかる。20 分くらいかかるかもしれない。また、$2^{128}+1$ の素因数分解も数秒以上かかる（$2^{128}-1$ の素因数分解はほぼ一瞬で終わる）。

1.1 節で sympy の中にある isprime を使ったが、これは速い。全然別のアルゴリズムを使っており、素因数を求めて素数かどうかを判断しているわけではない。

実行時間の計測の仕方：まず time モジュールを import する。

```
import time
```

そして、

```
x = time.time()
print(sympy.factorint(2**128 + 1))
print(time.time() - x)
```

のように時間の単位は秒である。どのようなコンピュータも常にバックグラウンドでなにがしかのジョブを実行している。それも含めて何秒かかったかを計測しているので、この計算にどれくらいかかったのかを表示しているわけではない。だから、時間はハードに依存するのみならず、どういうときにどういう状態で行ったかで時間は違う。ほんの数秒しかかからないのに、同じことを少し後でやると 1 分くらいかかることもある。

行列式の計算など、数式処理でやれば誤差は入らないのだから、これまでにやってきた数値計算など無駄ではないか、と思う人もいるかもしれない。しかし、そうではないのである。**これは大事なことなので覚えていてほしい。**数式処理はものすごく時間がかかるのである。数値計算は圧倒的に速い。したがって、丸め誤差などの癖をわかって使うならば、数値計算の方がよいのである。

問題

問題 3–5–1： $x^5+4x^4+13x^3+8x^2+32x+104$ を因数分解せよ。また、x^3-3x+4 が $\mathbb{Q}$ において既約な多項式であることを確かめよ。

問題 3–5–2： 次の式を因数分解せよ。これはジェルマン[9]の公式と呼ばれることがある。

$$x^4+4y^4=\left(x^2-2xy+2y^2\right)\left(x^2+2xy+2y^2\right).$$

9　Marie-Sophie Germain, 1776–1831. フランスの女性数学者。

問題 3–5–3： $\dfrac{1}{x^5 - x}$ の部分分数展開を Sympy で実行せよ。また、問題 2–4–5 で取り扱った式、$\dfrac{1}{x^4 - x^3 + 2x^2 + x + 15}$ を部分分数展開せよ。

問題 3–5–4： sympy を使って $\displaystyle\int \frac{dx}{\cos x}$ を計算せよ。何か変ではないか？

問題 3–5–5： $\log\left(x + \sqrt{x^2+1}\right)$ の導関数を求めてみよ。次の結果を比べてみてどう思うか？

```
sympy.simplify(sympy.diff(sympy.log(x + sympy.sqrt(1+x*x)),x,2))
sympy.diff(sympy.simplify(sympy.diff(sympy.log(x + sympy.sqrt(1+x*x)))))
```

問題 3–5–6： $0 < \theta$ が小さいとき、$\tan(\sin\theta)$ と $\sin(\tan\theta)$ のどちらが大きいか、決定せよ。

答　$\tan(\sin\theta) > \sin(\tan\theta)$ である。

これを証明するには、0 においてべき級数に展開すればよい。奇関数であるから、奇数次のべきしか現れない。計算してみると、$\tan(\sin\theta)$ と $\sin(\tan\theta)$ の展開は 5 次まで一致し、7 次のべきを計算する必要がある。これを数式処理で実行せよ。

問題 3–5–7： 2.2 節で使った行列

$$\begin{pmatrix} 177830 & 3777 & 112815 & 6116 \\ 3777 & 28534 & 32741 & 1890 \\ 112815 & 32741 & 128870 & 7095 \\ 6116 & 1890 & 7095 & 391 \end{pmatrix}$$

の行列式が 1 であることを sympy を使って確かめよ。これは数値計算では誤差が入ってうまくいかなかったものである。

問題 3–5–8： a, b を文字式として、次の行列の行列式を求めよ。因数分解もした形で求めよ。

$$\begin{pmatrix} a & a & a & a \\ a & b & a & a \\ a & a & b & a \\ a & a & a & b \end{pmatrix} \qquad \begin{pmatrix} a & a & a & a & a \\ a & b & a & a & a \\ a & a & b & a & a \\ a & a & a & b & a \\ a & a & a & a & b \end{pmatrix}.$$

もちろんこれは直ちに手で計算できる。これはあくまでプログラミングの練習である。

問題 3–5–9： a, b, c を文字式として、次の行列の行列式を求めよ。因数分解もした形で求めよ。

$$\begin{pmatrix} a & b-c & c+b \\ a+c & b & c-a \\ a-b & b+a & c \end{pmatrix} \qquad \begin{pmatrix} b+c+2a & b & c \\ a & c+a+2b & c \\ a & b & a+b+2c \end{pmatrix}.$$

問題 3–5–10： 次の行列式を数値的に計算せよ。その後、数式処理を使って計算せよ。

$$\begin{vmatrix} 2 & 0 & -3 & 1 & 4 \\ 5 & 2 & -1 & 3 & 2 \\ -3 & -1 & 0 & 4 & 1 \\ 2 & 2 & 1 & 3 & -2 \\ -2 & -3 & 3 & -2 & 4 \end{vmatrix}.$$

問題 3–5–11： 次の行列式を求めよ。

$$\begin{vmatrix} (a+b)^2 & b^2 & a^2 \\ b^2 & (b+c)^2 & c^2 \\ a^2 & c^2 & (c+a)^2 \end{vmatrix}.$$

問題 3–5–12： $2^{193}-1$ を素因数分解せよ（これは時間がかかる）。また、$2^{128}+1$ を素因数分解せよ（10 秒以上かかる）。

問題 3–5–13： メルセンヌ神父は M_{61} を合成数だと予想していたが、実は素数であることが判明した。M_{61} が素数であることを確かめよ。

問題 3–5–14： これは文献 [30] に載っている問題[10]である。ある村でネズミが大繁殖したので、近隣から猫を借りてきてネズミを駆除した。駆除されたねずみは 1111111 匹いた。各々の猫は同じ数のネズミを駆除したものとし、1 匹の猫が駆除したネズミの数は猫の数よりも多かった。以上の条件の下で, 1 匹の猫が駆除したネズミの数を計算せよ。

問題 3–5–15： 素因数分解することによってフェルマー数 $F_7 = 2^{2^7}+1$ が合成数であることを示せ。F_8 も素因数分解できるが、F_7 よりもはるかに時間がかかる。

問題 3–5–16： 20 次多項式 $(x-1)(x-2)\cdots(x-20)$ の x の係数を求めよ。

10 同書の問題 47 である。思い切って意訳してあるが数学的な内容に変化はない。

第4章

数論の問題

ここでは数論の問題をコンピュータで解いてみる。フェルマーやオイラーのころから難しい数論の問題は人々を魅了してきた。手計算ではほぼ絶望的な問題がコンピュータでは一瞬に答が出て、しかも、自然数の範囲ではコンピュータによる誤差の心配はいらないのである。この楽しさをぜひ味わってほしい。

4.1　浮動小数

数論の問題に入るまでに丸め誤差について学んでおこう。これは先々で必要となる知識である。

整数の足し算・引き算・掛け算には、巨大な数にならない限りそれほど大きな問題には出くわさない。しかし、実数を使うときには注意が必要である。第 1 章でもそれについて少し述べたけれども、ここでもう少し深く考えてみよう。

4.1.1　整数型と浮動小数型の違い

円周率 $3.141592\cdots$ などという数は無限小数であるから、コンピュータの中では厳密な表現はできない。常に、それに非常に近いもので置き換えられている。

多くのコンピュータ言語には $\cdots$ と $\cdots$ は等しいかどうかを尋ねるコマンドが備わっている。Python では「3 と 2 は等しいですか？」というのは次のようにすればよい。

```
3 == 2
------------------------------------------
False
```

この横の破線の上が入力、下が出力である。$3 == 2$ の後には Shift ＋ Enter を押す。

```
2+1 == 3
------------------------------------------
True
```

「$2+1$ は 3 に等しいですか？」とたずねたら、「正しいです」と答えてくる。ばかばかしい、と思われるかもしれない。しかし次のようにしてみたらどうか。

```
0.2+0.1 == 0.3
```

答は皆さんの想像通りになっただろうか？ なぜこういう結果になるのか、以下で見ていこう。

4.1.2　IEEE754

さて、

```
0.2+0.1 == 0.3
False
0.1+0.1 == 0.2
True
```

といった現象を理解するにはコンピュータの中で何が起きているのかを大雑把に理解しておかねばならない。

通常は二進法でデータは処理されるので、二進法で説明する。コンピュータの中でどういうふうに計算を進めるかは IEEE754 という規格に従うのが普通である。これは浮動小数というものを次のように定義する。まず n を自然数とし、m は整数とする。

$$\pm\left(1+\frac{\alpha_1}{2}+\frac{\alpha_2}{2^2}+\cdots+\frac{\alpha_n}{2^n}\right)\times 2^m \qquad (\alpha_k=0 \text{ もしくは } \alpha_k=1). \tag{4.1}$$

ここで $\alpha_k \neq 0$ が無限に続く数もある。しかし、コンピュータの中では無限のデータを蓄えておくことはできないから適当なところで切らねばならない。その端が α_n である。2^m は数の大きさによる。これも無限にとれればよいがそれはできないので、大きな自然数 L と U を用意して $-L \leq m \leq U$ という範囲の m のみを使うという取り決めにする。$\alpha_k \in \{0,1\}$ と m を様々に動かして得られるものを浮動小数と呼ぶ。式 (4.1) の $\Big(\quad\Big)$ の中身は仮数部と呼ばれる。さらに 2^m の m は指数部と呼ばれる。

通常は $n = 52, L = 1022, U = 1023$ が使われる。これを倍精度あるいは double あるいは float64 と称する。

$$2^{52} = 4503599627370496$$

は 16 桁の数である。したがって、15 桁くらいの数を表現することはできるが、それ以上多くの桁数を正しく表現することはもともとできない相談である、ということになる。

$$2^{-52} = 2.220446049250313 \times 10^{-16}$$

である。「何も特別なことをしなかったら、15 桁程度の精度で計算される」という大雑把な理解で当面はよい。

もしも 100 桁くらいの数を扱おうとすれば n を大きくとることができるシステムを使うしかない。そのようなシステムは、現在では簡単に使うことができるようになってきたが、ここでは行わず、その説明は第 5 章に後回しとする。

さて、本来無限に続くものを有限のもので近似しなければならないのだから、そこには切り捨てもしくは切り上げなどが入るので、2^{-53} の違いは出てくる。たまたま出てこないこともあるが一般には出る。$0.2 + 0.1$ が 0.3 に等しくないのは

```
0.1 + 0.2
--------------------------------------------
0.30000000000000004
```

から推測できるであろう。また、

```
6/9
--------------------------------------------
0.6666666666666666
```

```
5/9
--------------------------------------------
0.5555555555555556
```

を比べてみると、10 進法に直したとき、単純にすべてが切り捨てになっているわけではないことにも気づく。5/11 を計算しても面白い結果となる。また、2/3 と 0.2/0.3 を比べてみよ。

定義： 切り捨て等で発生する誤差を丸め誤差と呼ぶ。
丸め誤差は小さなものであるが、コンピュータの中では足し算や掛け算が途方もない回数行われているので、「ちりも積もれば山となる」ということは起き得ることである。これは忘れないようにしよう。

あまり大きな数は厳密には表現されない。上の定義で $U = 1023$ ととっているから、2^{1024} は正しく表現できないはずである。これは Python の浮動小数点の世界では正しく、また、他の言語でもどのような型の変数でも正しい。しかし、Python の整数型では大きな数が表現できるようになっている。これは整数論の計算を行うとき、時として便利であり、Python を使うメリットの一つである。2^{2000} でも計算してくれる。

4.1.3　計算の速度

$$a(b_1 + b_2 + \cdots + b_n) = ab_1 + ab_2 + \cdots + ab_n$$

は正しい式である。しかし、浮動小数の数値計算の世界では両辺の式は同じではない。

一般に、足し算引き算は速いけれども、掛け算割り算には時間がかかる。したがって、上の式で、左辺では「足し算が $n-1$ 回、掛け算が 1 回」であるのに対し、右辺では「掛け算が n 回足し算が $n-1$ 回である」から、計算時間は左辺の方が早い。したがって、プログラムの中では右辺のような式は使わず、左辺に書き換えてから使うべきである。n が小さければ大した違いは出ないが、n が巨大な数だと違いが出てくる。

速くする工夫は他にもいっぱいある。

$$\sum_{n=1}^{1000} \sqrt{(3^5 + 4^2) * n * n + 4}$$

はそのまま計算するのはよくない。数学的には同値であるが、

$$a = 3^5 + 4^2 \quad ; \quad \sum_{n=1}^{1000} \sqrt{a * n * n + 4}$$

の方がよい（なぜか？ 説明せよ）。

4.1.4　桁落ち

$$x = 1 - (1 - x) = (1 + x) - 1$$

は正しい式である。しかし、$x = 10^{-10}$ を代入してみて何が起きるか見てみよう。

```
x = 1e-10
print(1-x)
print(1-(1-x))
------------------------------------------
0.9999999999
1.000000082740371e-10
```

（ここで、1 行目と 2 行目の終わりでは Enter キーを押し、3 行目を入力した後は Shift + Enter キーを押す）　出力を見ると、$1-x$ には問題は起きていない。しかし $1-(1-x)$ の方は、8 桁は合っているけれど、15 桁合うわけではない。次のようにしてみるともっとドラマチックである。

```
x = 1e-15
print(1-x)
print(1-(1-x))
------------------------------------------
```

```
0.999999999999999
9.992007221626409e-16
```

$1 - (1 - x)$ は 3 桁程度しか合っていないことに注意せよ。
　もう一つ例を見てみよう。

$$2\sin^2 x = 1 - \cos 2x$$

も正しい式である（数学的な関数を使うときには import math をあらかじめ実行しておく）。次のようにしてみると、

```
x = 0.0001
print(2*math.sin(x)**2)
print(1 - math.cos(2*x))
-----------------------------------------
1.9999999933333336e-08
1.999999987845058e-08
```

正確な数値は 1.9999999933333333422222222158730158758377⋯ であるから、前者に比べて後者は精度が落ちる。
　こうした現象を**桁落ち** (cancellation of significant digits) という（本によっては情報落ちという言葉遣いをしているかもしれない）。$x = 10^{-10}$ を計算した段階で x には 15 桁分（2 進法で 52 桁分）正しい情報が入っている。しかし、$1 + x$ を計算した時点で

$$1.0000000001000000\dot{0}\dot{0}\dot{0}\dot{0}\dot{0}\dot{0}\dot{0}\cdots$$

となるのだが、丸めが入るので、この中の点を打った数字には正しい情報が入るとは限らない。この後で 1 を引くと

$$0.0000000001000000\dot{0}\dot{0}\dot{0}\dot{0}\dot{0}\dot{0}\dot{0}\cdots$$

となるが、これは

$$1.000000\dot{0}\dot{0}\dot{0}\dot{0}\dot{0}\dot{0}\dot{0}\cdots e\text{-}10$$

となる。点を打っていない数字は正しいが、点を打った部分に正しい情報が記述されるかどうか、まったく保証はない。
　どういう場合に桁落ちが起きるかと言えば、**よく似た値の二つの実数を引き算したとき**である。このような場合は桁落ちに注意せねばならない。
　上の例では桁落ちを防ぐことは簡単である。$1 - (1 - x)$ などという式を使わずに、x を使えばよいだけの話である。また、x が小さいときは $2\sin^2 x$ を使うべきであり、$1 - \cos 2x$ は避けるべきである。しかし、現場のプログラムでは大量の式を扱わねばならないから、どこに桁落ちが潜んでいるか、摘発することは決して易しい問題ではない。

4.1.5 計算の順序

　数学的には

$$\frac{1}{1^4} + \frac{1}{2^4} + \frac{1}{3^4} + \cdots + \frac{1}{N^4} = \frac{1}{N^4} + \frac{1}{(N-1)^4} + \frac{1}{(N-2)^4} + \cdots + \frac{1}{1^4}$$

である。数値計算でも同じであろうか？

```
n = 100000 ; y = 0 ; z = 0
for i in range(1,n+1):
    y = y + i**-4
    z = z + (n+1-i)**-4
print(y)
print(z)
----------------------------------------
1.082323233710861
1.082323233711138
```

有効数字 12 桁は合うが 13 桁目に食い違いが出る（16 桁目ではない）。z で計算した方が真の値により近い。なぜか？ これも桁落ちによって説明可能である。実際、左辺で計算すると、$\frac{1}{1^4}+\frac{1}{2^4}+\frac{1}{3^4}+\cdots+\frac{1}{(N-1)^4}$ に N^{-4} を足すことになる。前者は 1 程度の大きさである。後者は 10^{-20} であるから、丸めによって足していないのと同じことになる。これに対し、小さい方から順番に足してゆくと、桁落ちは起きにくい。

4.1.6　整数の計算

とはいえ、Python で整数を扱っている限り誤差の心配はない。整数だけを扱うという環境の下で、コンピュータをいじってみて様々な数学の問題を解いてみると新しいことがわかるし、コンピュータにも慣れることができる。誤差が気になるからといって、コンピュータの食わず嫌いはよくない。まずはいろいろな問題を自分で解くことを推奨したい。

フィボナッチ数は $F_1=1, F_2=1, F_n=F_{n-1}+F_{n-2}$ で定義される数列 $\{F_n\}_{n=1}^{\infty}$ である。最初の数項は、1　1　2　3　5　8 である。フィボナッチ数列は様々な分野に現れてくるので、ぜひ知っておいた方がよい。$F_0=0, F_1=1$ として $\{F_n\}_{n=0}^{\infty}$ を定義してもよい。$1 \le n$ では同じものとなる。

昔々、フィボナッチというイタリアの数学者がいて、彼がこういった数を考え始めたのでこれをフィボナッチ数という、というふうに信じている人が今でもいるけれどもこれは正しくないので信用しないように。正しくはピサのレオナルドという 13 世紀の数学者が考えたものである。彼は中世の数学者としては傑出した能力を持っていた。2.3 節に出てきたレオナルドと同じ人物である。ピサの町（ガリレオやピサの斜塔で有名な町）で活躍したレオナルドという名前の人間だったということでしかない。

フィボナッチ数列は次のように書き下すことができる。

$$F_n=\frac{1}{\sqrt{5}}\left\{\left(\frac{\sqrt{5}+1}{2}\right)^n-\left(\frac{1-\sqrt{5}}{2}\right)^n\right\}. \tag{4.2}$$

しかし、これで計算すると浮動小数となってしまう。定義の漸化式 $F_n=F_{n-1}+F_{n-2}$ を使えば整数で計算できる。したがって、明示的に書かれるものが常に便利とは限らないのである。

例題：フィボナッチ数の最初の 10 個を計算せよ。

```
a = 1 ; b=1
for i in range(3,11):
```

```
    c = a+b ; print(c,'  ', end="") ; a = b ; b = c
-----------------------------------------
2   3   5   8   13   21   34   55
```

とすればよい。ここで、$a = b; b = c$ は、$a, b = b, c$ と書いてもよい。

これは次のようにしても実質的には同じである。まず import numpy as np を実行してから、次のようにする。

```
x = [0]*10
x[0] = 1 ; x[1] = 1
for i in range(2,10):
    x[i] = x[i-1] + x[i-2]
print(x)
-----------------------------------------
[1, 1, 2, 3, 5, 8, 13, 21, 34, 55]
```

計算結果は同じである。これの欠点は、最初に配列を用意するために、その分のメモリーをコンピュータの中に確保しなければならないことである。配列 $\{x[i]\}_{i=1}^{n}$ を用意するとき、n が小さければ実質的に何の問題も生じないけれども n が巨大だとメモリーが消費される。第 1 の方法ではメモリーは a, b, c だけに用意すればよいからメモリー消費は最小で済む。メモリーを喰うことを承知していて第 2 の方法を使うのであればそれは構わない。

例題：10000 以上で最小のフィボナッチ数は何か？

```
a = 1 ; b=1
while b < 10000:
    c = a+b ; a = b ; b = c
print(b)
-----------------------------------------
10946
```

したがって、10000 以上のフィボナッチ数の中で最小のものは 10946 だとわかる。

例題：23 で割り切れる F_n のうち、最小のものを求めよ。

この問題を解くときには、自然数 a を自然数 b で割ったときの余りを計算するとよい。$a \% b$ で計算することができる。次々とフィボナッチ数を計算して 23 で割り切れればそこで計算をやめ、結果を画面に打ち出す。割り切れなければ次のフィボナッチ数を計算するという繰り返し計算を行えばよい。

例題：35 で割り切れる F_n のうち、最小のものを求めよ。

```
a = 1 ; b = 1
while b < 100000000:
    c = a+b
    if c % 35 == 0:
        print(c) ; break
    else:
        a = b ; b = c
-----------------------------------------
102334155
```

例題： フィボナッチ数で、かつ、素数であるものは無限にあるのか？　これは未解決問題である。

Lucas 数（リュカ数）とは、19 世紀にフランスのリュカ[1]という数学者が考えた数列で、フィボナッチ数と同じ漸化式で定義されるが、初期値が異なる。慣例では、$L_0 = 2, L_1 = 1$ という初期値と $L_{n+1} = L_n + L_{n-1}$ という漸化式で定義される数列である。

リュカ数で 13 の倍数であるものが存在するかどうか、著者たちは知らない。最初の 100000 項を調べると 13 では割り切れない。これに対し、13 の倍数となるフィボナッチ数はいっぱい存在する。

問題

問題 4–1–1： $ax^2 + bx + c = x(ax + b) + c$ の両辺を比べるとどっちが速いか？

問題 4–1–2： 次のようになることを確かめよ。そして、ここから何が言えるか、4 行以内で述べよ。

```
x = 10**-17 ; y = 0 ; n = 10**7
for i in range(1,n):
    y = y + x
print(y)
-----------------------------------------
9.999999002067043e-11
```

また、次についても考察せよ。

```
x = 10**-17 ; y = 1 ; n = 10**7
for i in range(1,n):
    y = y + x
print(y)
-----------------------------------------
1.0
```

問題 4–1–3： リュカ数で 11 の倍数であるもののうち最初の三つを計算せよ。

問題 4–1–4： フィボナッチ数 F_n で $n \leq 50$ となるもののうち素数であるものを列挙せよ。

問題 4–1–5： $x = 10^{-7}$ とする。このとき

$$2\sqrt{1+x} - (2+x) = -0.00000000000000249999987500000781249945312504101562\cdots$$

であることがわかっている。実際に Python で計算してみると有効数字 1 桁しか合わないことを確認せよ（平方根を計算するときには math もしくは numpy を import することを忘れずに）。

問題 4–1–6： 微分学の講義では $\displaystyle\lim_{h\to 0} \frac{\sin(a+h) - \sin a}{h} = \cos a$ と習うはずである。そこで、$n = 10, 11, 12, \cdots, 60$ に対して $h = 2^{-n}$ とおき、

1　François Édouard Anatole Lucas, 1842–1891. 素数の判定法で有名であり、第 1 章に現れたハノイの塔の問題の作者でもある。https://mathshistory.st-andrews.ac.uk/Biographies/Lucas/

$$\frac{\sin(0.1+h) - \sin(0.1)}{h}$$

を計算し、$\cos(0.1)$ と比較せよ。どの h について正確で、どれについては正確でないかを述べよ。そして、なぜこのようになるのか、理由を説明（推定）せよ。

問題 4–1–7： Python では整数が誤差なしに計算できることを利用して、$25!+1=m^2$ を満たす自然数 m が存在しないことを証明せよ。

問題 4–1–8： フィボナッチ数 $\{F_n\}$ を 40 番目まで計算し、画面に打ち出せ。その後、$F_n^2+F_{n+1}^2$ を 20 番目まで打ち出せ。比べてみて何が見えてくるか、自分の予測を述べよ。

問題 4–1–9： $\lim_{n\to\infty}\frac{F_{n+1}}{F_n}=\frac{\sqrt{5}+1}{2}$ を数値的に確認せよ。これはケプラーによるものである。

4.2 数論の問題

数論の問題をいくつか考えてみよう。扱うのは整数のみである。しかし、math だけは import しておこう。

```
import math
```

4.2.1 コラッツの問題

最初はコラッツの問題を考える。コラッツ (Lotar Collatz, 1910–1990) はドイツの数学者で、数値解析の世界では著名である。

コラッツの予想

> n を自然数とする。n が偶数ならば 2 で割る。奇数ならば、$3n+1$ にする。この操作を繰り返してゆくと、いつかは 1 に到達する。

この簡単な命題が証明できていない。ほとんどの数学者はこれが正しいと思っているけれども、誰も証明に成功していない。

さて、n が奇数ならば $3n+1$ は偶数である。したがって、奇数ならば、$(3n+1)/2$ にすると言っても同じことである。そこで関数 f を

$$f(x)=\begin{cases}\frac{x}{2} & x\text{ は偶数}\\ \\ \frac{3x+1}{2} & x\text{ は奇数}\end{cases}$$

で定義する。そしてなんでもよいから自然数 a を選んで、$f(a), f(f(a)), f(f(f(a))), \cdots$ を**計算してゆくと有限の回数で 1 になる**。これが **コラッツの予想** である。関数 f を n 回合成したもの、つまり、f^n を $f^1=f, f^n=f\circ f^{n-1}$ で定義すれば、任意の自然数 a について

ある自然数 m が存在して $f^m(a)=1$ となる。これが予想であると言ってもよい。

まずはこの関数 $f(x)$ を定義しておこう。これは簡単で、

```
def f(x):
    if x % 2 >0:
        return (3*x+1)//2
    else:
        return x//2
```

で関数 f を定める。/ ではなく // である。これで、整数の商を求める。/ を使うと浮動小数になる。% は余りを出力する。

$n=7$ から始めて次々と代入してみよう。

```
n = 7
while n > 1:
    n = f(n) ; print(n,'  ',end="")
--------------------------------------------------
11   17   26   13   20   10   5   8   4   2   1
```

のように、確かに 1 になる。11 回代入すると 1 になる。

皆さんの学生証番号の一番下の 2 桁を n として実験してみよ。ただし、この番号が、16, 32, 64 の人はこの番号に 1 を加えて実験せよ。下二桁が 01, 02, 04, 08 の人は 100 を加えて初期値とせよ。たとえば、08 ならば 108 を初期値とせよ。

単純に print(n) すると改行するので縦長になる。長すぎる場合はリストにして print する。

```
n = 207
while n > 1:
    n = f(n) ; print(n,'  ',end="")
--------------------------------------------------
311   467   701   1052   526   263   395   593   890   445
668   334   167   251   377   566   283   425   638   319
479   719   1079   1619   2429   3644   1822   911   1367
2051   3077   4616   2308   1154   577   866   433   650
325   488   244   122   61   92   46   23   35   53   80
40   20   10   5   8   4   2   1
```

ここで、print のフォーマットを説明しておこう。'　　' は引用符に挟まれた文字を書き出す。今の場合は 2 個分の空白である。end の指定がなければ改行する。end="" は改行しないことを命令している。end = "\n" とすれば改行することを命令していることを表す。end の指定を省略すると改行されることになる。

```
print(n,'  ',end="")
print(n,'      ',end="\n")
print(n,'      ',end="")
```

を比べてみたらその意味が理解できよう。

4.2.2　ピタゴラス数

$x^2+y^2=z^2$ を満たす三つの自然数 x,y,z をピタゴラス数という。3, 4, 5 あるいは 5, 12, 13

がピタゴラス数であることはよく知られている。

今から4000年ほど前のバビロニア（ピタゴラスよりも1500年くらい古い）では多くのピタゴラス数が知られていたので、こうした数をピタゴラス数と呼ぶことは歴史的な意味合いはない。また、ピタゴラス自身が何らかの数学的研究活動を行っていた証拠はどこにもない。したがって、ますますピタゴラス数という名前は使いたくなくなる。ただし、ピタゴラスの教えを信じるグループ（ピタゴラス教団と呼ばれることもある）には優れた数学者がいたこともまた事実である。ここは慣例に従っておこう。

もしも x, y, z がピタゴラス数で $n > 1$ が自然数ならば nx, ny, nz もピタゴラス数である。しかしこれは、直角三角形としては相似であり、本質的に新しいものではない。そこで、x, y, z が2以上の共通因子を持たないものだけを考えることにしよう。こうしたピタゴラス数を primitive なピタゴラス数と呼ぶことにする。今から2300年ほど前に書かれたユークリッドの原論にはこうした数が出てくる。そして原論では無数に多くの primitive なピタゴラス数が存在することが証明されている。

これを理解するには

$$\left(q^2 - p^2\right)^2 + (2pq)^2 = \left(p^2 + q^2\right)^2$$

という恒等式に注意する。$0 < p < q$ を自然数とすれば、

$$x = q^2 - p^2, \qquad y = 2pq, \qquad z = p^2 + q^2$$

というピタゴラス数を得る。p, q は $0 < p < q$ さえ満たせばよいから、無限に多くのピタゴラス数を得ることができる。ただし、これだけだと primitive かどうかはわからない。そこで、p と q は互いに素であるという条件を付け加える。すなわち、p, q を素因数分解したとき、共通の因数は持たないと仮定する。さらに、p, q ともに奇数となることはないものとも仮定する。こうすると x, y, z も共通の因数を持たないことが証明できる。x と y の両方が偶数だと primitive にはならない。したがって、p と q のどっちかは偶数で、どっちかは奇数である。しかし、プログラムの中で、x, y が互いに素かどうかを判断して、素なら結果を打ち出し、素でないなら次へ進む、とした方がプログラムは書きやすい。primitive で $z \leq 1000$ なるピタゴラス数は158組ある。藤田 定資（ふじた さだすけ）が1781年、精要算法下巻において $z \leq 1000$ なる primitive なピタゴラス数をすべて列挙した。これはソロバンで計算したものと思われている。一方、西洋ではスコットランドの E. Sang が $z \leq 1105$ なるピタゴラス数をすべて列挙した。1864年のことである。日本人の計算力には並外れたものがあったことがわかる。

今の我々はパソコンを使ってこうしたリストを簡単につくることができる。

例題：$z \leq 1000$ を満たすピタゴラス数で primitive なものが158組あることを示せ。

これを示すには、まず最大公約数を計算する必要がある。その関数を定義してもよいが、math モジュールの gcd を使うことにしよう。

$32^2 = 1024$ だから、$p^2 + q^2 \leq 1000$ という自然数は $q < 32$ を満たす。$q = 1$ はあり得ないから、$2 \leq q \leq 31$ である。また、$1 \leq p \leq q - 1$ である。$p^2 < 1000 - q^2$ であるから、$p \leq \min\{q - 1, \lfloor\sqrt{1000 - q^2}\rfloor\}$ である。ここで $\lfloor\xi\rfloor$ は ξ を超えない最大の自然数を表す。

Python では a と b の小さい方は $\min(a,b)$ で表され、a を超えない最大の自然数は $\mathrm{math.floor}(a)$ で表される。

```
n=0
for q in range(2,32):
    qq= min(q-1,math.floor(math.sqrt(1000-q*q)))
    for p in range(1,qq+1):
        a = q*q - p*p ; b = 2*p*q
        if math.gcd(a,b) == 1:
            n = n+1
print(n)
------------------------------------------------
158
```

$n = n + 1$ は $n \mathrel{+}= 1$ と書いてもよい。

ピタゴラス三角形は他にもいろいろと面白い性質を持つ。たとえば、文献 [66] を参照されたい。

注意：math.floor() はそれ以下の最大整数を返す。これに対して round() は一番近い整数を返す。round は組み込み関数なので、モジュールを import する必要はない。

4.2.3　辺も面積も整数となる三角形

三辺の長さがすべて自然数で、面積も自然数となる三角形もたくさん存在する。このような三角形はヘロン三角形と呼ばれることがあるが、ヘロンがそういう数論的な問題を考えたわけではないし、あまりよい名前とも思わないので、ここではそういう名前は用いない。藤田 定資は『精要算法』で三辺の長さが 100 以下のそのような三角形を列挙している。

最後に次の問題を考えてみよう。直角二等辺三角形ですべての辺が自然数となるものはない。しかし、それに近いものは存在するか？ すなわち二つの続いた自然数で直角を挟みしかも斜辺も自然数となる、そういう直角三角形は存在するか？ もちろん 3,4,5 はこの条件を満たすが、そういう三角形で辺の長さが大きなものは存在するか？

```
for n in range(1,90000):
    m = int( np.sqrt( 2*n*(n+1) + 1))
    if m*m == 2*n*(n+1) + 1:
        print(n,m)
```

辺の長さを $n, n+1, m$ とすれば、 $n^2 + (n+1)^2 = m^2$ を満たす自然数 n, m を見つければよい。$2n^2 + 2n + 1 = m^2$ であるから m は奇数でなくてはならない。

$$(n,m) = (3,5) \qquad (20,29) \qquad (119,169) \qquad (696,985)$$

がこの条件を満足することがわかる。$n \leq 20000$ の範囲ではもう 1 個見つかる。

問題

問題 4–2–1： 12709, 13500, 18541 はピタゴラス数であることを確認せよ（これは、Plimpton 322 と呼ばれる 4000 年くらい前のメソポタミアの粘土板に書かれていた）。

問題 4–2–2： $z \leq 1100$ なる primitive なピタゴラス数の組はいくつあるか？

問題 4–2–3： 三辺の長さがすべて自然数で、面積も自然数となる三角形を 10 組求めよ。

問題 4–2–4：

(i) 三つの辺の長さがすべて整数となる直角三角形で、その周囲の長さと面積が同じ数となるものを二つ求めよ（その二つしかないことも証明できるが、それは要求しない）。

(ii) 三つの辺の長さがすべて整数となる直角三角形で、その中に内接される正方形（正方形はその 2 頂点が斜辺上にあり、残りの二辺のそれぞれに 1 頂点があるものとする）の辺の長さも整数となるものを一つ求めよ。まず、直角を挟む二辺の長さを x, y とすればこの正方形の一辺の長さは $xy\sqrt{x^2+y^2}/(x^2+y^2+xy)$ となることを証明せよ。

問題 4–2–5： 4 桁の数 x は千の位が 5 である。この条件のもとで、$y^2 = x^3 + 17$ の自然数解 (x, y) をすべて求めよ。

4.3　数論の問題：続き

前節に続いて数論の問題を計算する。本節でも import math は忘れないように。

4.3.1　オイラーのレンガ

オイラーのレンガというのは、直方体で三辺の長さも対角線もすべて自然数となるものである。図 4.1 のように三つの辺の長さを a, b, c とし、側面の対角線を f, g, h とすれば

$$a^2 + b^2 = f^2, \qquad b^2 + c^2 = g^2, \qquad c^2 + a^2 = h^2. \tag{4.3}$$

面ではなく立体の対角線（頂点の中で一番遠い距離にあるもの）を t とすると、

$$a^2 + b^2 + c^2 = t^2. \tag{4.4}$$

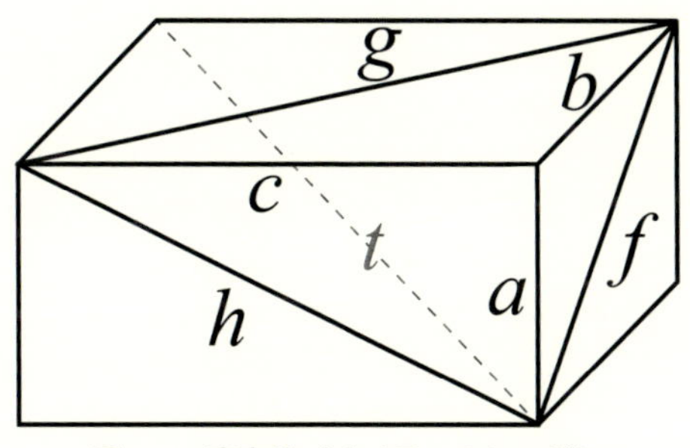

図 4.1　直方体（オイラーのレンガ）

式 (4.3) を満たす自然数の組 (a,b,c,f,g,h) は存在する。式 (4.4) を満たす自然数の組 (a,b,c,t) も存在する。しかし、(4.3) と (4.4) の両方を同時に満たす自然数の組 (a,b,c,f,g,h,t) が存在するかどうかは未解決問題である。

式 (4.3) の解を求めるには、次のようにする。

```
for c in range(1,300):
    for b in range(1,c+1):
        for a in range(1,b+1):
            f = round(math.sqrt(a*a + b*b))
            g = round(math.sqrt(b*b + c*c))
            h = round(math.sqrt(c*c + a*a))
            if a*a + b*b - f*f == 0:
                    if b*b + c*c - g*g ==0:
                        if c*c + a*a - h*h == 0:
                            print(a,b,c,f,g,h)
-----------------------------------------
44 117 240 125 267 244
240 252 275 348 373 365
```

注意：計算は短時間であるが、一瞬ではない。これは、3 重ループを使っているので、時間がかかるためである。300 ではなく、1000 までやると数分かかると思う。$a,b,c<1000$ の範囲では、10 組の解があることがわかる。

4.3.2　三角形の中線

三角形のすべての辺が自然数で、三つすべての中線も自然数となるものはあるだろうか？

この問題はコンピュータで簡単に解ける。いわゆる中線定理によって、

$$2(a^2+b^2)=c^2+4h^2, \qquad 2(b^2+c^2)=a^2+4f^2, \qquad 2(c^2+a^2)=b^2+4g^2. \tag{4.5}$$

これを満たす自然数 (a,b,c,f,g,h) を求めればよい（図 4.2 参照）。オイラーは

$$a=316, \quad b=262, \quad c=254, \quad f=204, \quad g=255, \quad h=261 \tag{4.6}$$

という解を見つけた。これが解であることを確かめよ。

この条件に加えて、面積も自然数になるような三角形は存在するか？ これは未解決問題である。上のオイラーの解では面積は有理数ではないことを確かめよ。

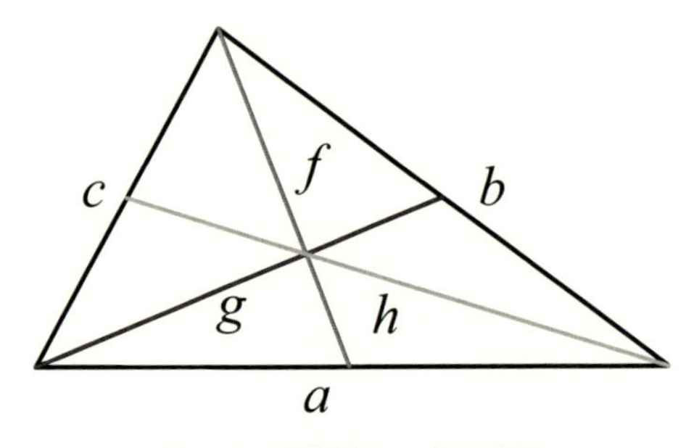

図 4.2　三角形の 3 本の中線

4.3.3 オイラーの予想

Euler は $x^n + y^n = z^n$ に自然数解がないことを $n = 3$ と $n = 4$ の場合に証明した。フェルマーは証明できたと言っているだけで、証明を書き残したわけではない。一般の n についてフェルマーの定理を証明したのは A. Wiles で、1995 年のことである。300 年以上も未解決だった問題の証明として有名になった。

オイラーは次のような一般化について予想を立てた。$n \geq 3$ のとき、

$$x_1^n + x_2^n + \cdots + x_{n-1}^n = z^n$$

は自然数解 $(x_1, x_2, x_3, \cdots, x_{n-1}, z)$ を持たない。たとえば $n = 3$ のときはフェルマーの予想そのものであるから確かに解はない。$n = 4$ のときは、$a^4 + b^4 + c^4 = d^4$ を満たす自然数の組 (a, b, c, d) はない、ということになるし、$n = 5$ のときは、$a^5 + b^5 + c^5 + d^5 = e^5$ を満たす自然数の組 (a, b, c, d, e) はない、ということになる。答は 200 年以上もの間誰にもわからなかった。

オイラーの予想に反例があることがわかったのは 1966 年のことで、CDC6600 という当時のスーパーコンピュータでこれを見つけた。Lander と Parkin が $n = 5$ のときに次の反例（文献 [51] による）を見つけた。

$$27^5 + 84^5 + 110^5 + 133^5 = 144^5.$$

この式が正しいことをコンピュータを使って確認せよ。$e \leq 144$ という条件ではこれしか解がないことを確認せよ。

$n = 4$ でも反例が見つかった。Elkies（文献 [31]）によるもので、1988 年のことである。

$$2682440^4 + 15365639^4 + 18796760^4 = 20615673^4. \tag{4.7}$$

これはかなり大きな数である。Frye[2]が同じ年にもう少しだけ簡単な例を見つけた。

$$95800^4 + 217519^4 + 414560^4 = 422481^4.$$

いずれにせよ 15 桁よりもずっと大きな数となるから、C などの言語の普通の計算ではうまくいかない。しかし、Python では計算可能である。

4.3.4 ラマヌジャンの 1729

Srinivasa Ramanujan (1887-1920) はインドの数学者。数論等で天才を発揮したものの 32 歳で病死した。 The Man Who Knew Infinity はラマヌジャンの人生を描いた映画である。文献 [43] ではハーディーがラマヌジャンの思い出を語っており、非常に興味のそそられる本である。そこで彼はこう言っている。

> I remember going to see him once when he was lying ill at Putney. I had ridden in taxi-cab No. 1729, and remarked that the number seemed to me rather a dull one, and that I hoped that it was not an unfavourable omen. "No," he replied, "it is a very

2 上記 Elkies の論文に紹介されている。

interesting number; it is the smallest number expressible as the sum of two cubes in two different ways." I asked him, naturally, whether he could tell me the solution of the corresponding problem for fourth powers; and he replied, after a moment's thought, that he knew no obvious example, and supposed that the first such number must be very large.

等式 $1729 = 9^3 + 10^3 = 1^3 + 12^3$ を確かめるのは難しくない。ただ、$1 \leq n \leq 1728$ ならばこういう 2 種類の異なる形に表せないということを示すには計算が必要である。

実は、こうした $x^3 + y^3 = u^3 + v^3$ という不定方程式の問題は昔から様々な人が考えていたものである (たとえば Dickson、文献 [29] の 550 ページ)。我が国でも 1845 年の和算書にその解として $(x, y, u, v) = (9, 10, 1, 12)$ が上がっているという（文献 [16]）。さらに、この不定方程式に無限に多くの解があることも和算家は知っていたという。和算家はどうやって解を求めたかというと、まずはソロバンを使って片っ端から解を数値的に求め、それらに潜む法則を推測で求めるという作業を行ったようだ。

和算家の公式 1： a, b を整数として、

$$x = 6a^2b+3ab^2+b^3, \qquad y = 9a^3+6a^2b+3ab^2, \qquad z = 3a^2b, \qquad u = 9a^3+6a^2b+3ab^2+b^3$$

とおくと、これは $x^3 + y^3 + z^3 = u^3$ を満たす。この公式（および次の公式）を sympy（3.5 節）を使って確かめよ。

和算家の公式 2： a, b を整数として、

$$x = 6a^2b-3ab^2+b^3, \qquad y = 9a^3-6a^2b+3ab^2-b^3, \qquad z = 3a^2b, \qquad u = 9a^3-6a^2b+3ab^2$$

とおくと、これは $x^3 + y^3 + z^3 = u^3$ を満たす。この中で $x > 0, y < 0, z > 0, u > 0$ となるものを見いだせばよい。たとえば $368^3 + 216^3 = 125^3 + 387^3$ を得る。

問題

問題 4–3–1： $a \leq b \leq c$, かつ $t \leq 20$ として、式 (4.4) を満たす互いに素な自然数の組 (a, b, c, t) を列挙せよ。関数 gcd は使ってよい。

問題 4–3–2： 式 (4.4) の自然数解で $a \leq b \leq c$ かつ $t \leq 35$ を満たし、互いに素なもののうち、a が最も大きなものは何か？

問題 4–3–3： 三角形のすべての辺の長さ a, b, c が自然数で、三つすべての中線も自然数となるもので、$c \leq b \leq a \leq 316$ となる解は式 (4.6) だけか？（三角形であるので、$a < b + c, b < c + a, c < a + b$ という不等式は成り立たねばならない。）

問題 4–3–4： 式 (4.7) を確認せよ。

問題 4–3–5： $x^3 + y^3 = z^3 + 1$ には自然数解があることを示せ。ただし、$1 < x \leq y$ とする。

問題 4–3–6： $x^3 + y^3 = z^3 + 2$ の整数解で、$-200 \leq x \leq y \leq z \leq 200$ を満たすものを求めよ。

問題 4–3–7： $x^4+y^4=p^4+q^4$ の非自明な自然数解を求めよ。$x=p, y=q$ なら自明に成り立つので、こういうものでない自然数 (x,y,p,q) を見つけたい。一つの解は、

$$158^4+59^4=133^4+134^4 \quad (=635318657).$$

非常に大きな数である。ラマヌジャンが暗算では計算できなかったのも無理はない。次に大きな組を求めよ。

問題 4–3–8： 図 4.3 にはアーチェリーの的が描いてある。数字は当たったときの得点を表している。この問題を Python を使って解け。この問題は文献 [33] の 65 ページ（問題 92 番）に載っているものである。

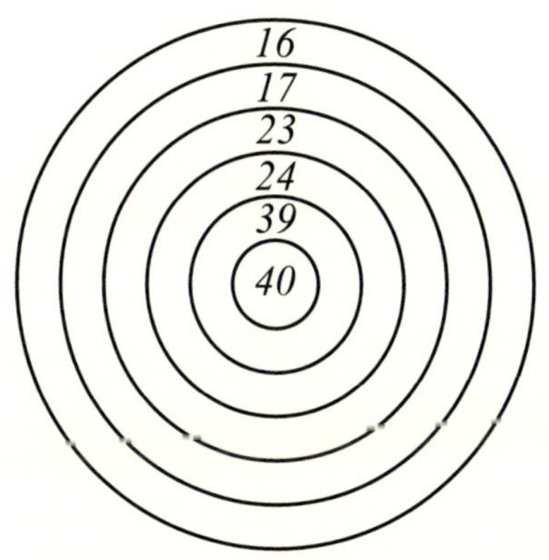

図 4.3　できるだけ少ない数の矢でちょうど 100 点をとる

問題 4–3–9： 文献 [30] の 42 ページに載っている問題である。脚色を削って数学のみを残すと、この問題は次のように書くことができる。$p^3+q^3=6r^3$ を満たす自然数 p,q,r を一組求めよ。また、$p^3+q^3=9r^3$ を満たす自然数 p,q,r を一組求めよ。この後半は難しい。とても大きな数になり、やみくもに求めても見つからないので、あくまで参考の問題である。

第5章

解析学の話題から

この章では解析学の問題をいくつか考えてみたい。まず最初に多倍長計算を紹介し、その後、円周率を考察し、関数の補間、多重積分、オイラー定数といった伝統的な問題をコンピュータを使って理解してゆく。

5.1　多倍長計算：mpmath

すでに見てきたように、数学の問題を解くには15桁では不足することがある。そういうときには仮数部をもっと増やすことを可能にしてくれるソフトウェアが必要となる。一昔前はそういうことが楽にはできなかった。現代ではそういうことが比較的簡単にできるようになったのでここではその方法を紹介する。Pythonで整数を扱う限り多倍長を意識する必要はない。任意桁の計算を受けつけてくれる。しかし、解析学の問題を扱うには浮動小数を使わねばならない。そして約15桁程度の普通の浮動小数では不足する場合に時々出くわす。そうしたときにどうしたらよいかをここで説明する。

ポイント

- 普通の浮動小数では十進数表示で15桁程度
- 整数ならば、Pythonでは何もしなくても任意桁
- 実数を多くの桁で計算するにはmpmathを使う
- mpmathの桁数は自分で指定できる
- あまり多くの桁数を使うと遅くなる

5.1.1　多倍長計算

整数や浮動小数をもっと桁を増やして計算するにはCやFORTRANではいささか苦労があった。Juliaでは簡単に使える。Rでもmpfrがある。Pythonにもmpmathというのがあるが、我々もまだよくは調べていない。以下は、我々の試行錯誤の結果であると思ってほしい。

普通の計算では丸め誤差が入るので、

```
1.2 + 1.4
--------------------------
2.5999999999999996
```

のようになってしまう。

10進50桁で計算するには次のようなおまじないをかける。

```
import mpmath
mpmath.mp.dps=50
```

そして次のようにしてみる。

```
x = mpmath.mp.mpf('1.2')  ; y = mpmath.mp.mpf('1.4')
x+y
--------------------------
mpf('2.5999999999999999999999999999999999999999999999957')
```

これで50桁の計算ができていることが確認できる。dpsは10進で何桁かを指定するパラメータである。100桁ならば $= 50$ を $= 100$ にすればよい。dpsの代わりにprecも使える。mp.precは浮動小数点の仮数部のビット数を指定する。上の計算で注意していただきたいのは、出力の最後に丸め誤差が出ていることである。ただ、48桁くらいは正しい値となるので、桁落ちが悪影

響しにくくなる。

$\sqrt{2}$ を計算するには、次のようにする。

```
mpmath.sqrt(2)
---------------------------
mpf('1.4142135623730950488016887242096980785696718753769468')
```

注意：$\sqrt{2} = \sqrt{0.02} \times 10$ である。

一方、

```
mpmath.sqrt(2)
mpmath.sqrt(0.02)*mpmath.mp.mpf(10)
mpmath.sqrt('0.02')*mpmath.mp.mpf(10)
```

これら三つから返ってくる答は同じではない。1 番目と 3 番目はほぼ等しいが 2 番目はだいぶずれる。理由を考えよ。答は少し後に記す（5.1.3 項参照）。

$\pi = 4\arctan(1)$ を計算するには、

```
from mpmath import *
mp.dps=50
```

とやっておく。そして

```
4*mpmath.atan(1)
---------------------------
mpf('3.1415926535897932384626433832795028841971693993751068')
```

により 50 桁の円周率が出る。もちろん、mp.dps の値を変えれば 100 桁だって計算できる。

5.1.2 大きな循環小数

すべての有理数は循環小数に表すことができる。1/7 の表示はどのようなものか？

```
1/7
---------------------------
0.14285714285714285
```

これを見れば $1/7 = 0.\dot{1}4285\dot{7}$ がその循環小数表示であることがわかる。

```
1/49
---------------------------
0.02040816326530612
```

しかし、これではまったくわからない。mpmath を使うと、

$$0.0204081632653061224489795918367346938775510$$
$$20408163265306122448979591836734693877551020408166$$

となり、実に 42 桁の循環小数である。こうした事実を確認するには多倍長計算が必要である。

5.1.3　桁落ちの防止

多倍長計算の利点としてもう一つ大事なのは桁落ちを防ぐことができるということがある。

```
x = 1.0e-13
1-(1-x)
--------------------------
1.000310945187266e-13
```

こうすると桁落ちは避けられないが、

```
mpmath.mp.dps=50
x = mpmath.mpf('1.0e-13')
1-(1-x)
--------------------------
mpf('0.000000000000099999999999999999999999999999999999999487168349007944')
```

とすると、もちろん、後ろの方に桁落ちは起きてはいるが、計算の桁数を必要な桁数よりもある程度大きくとることによって**桁落ちが実害を及ぼさない**ようにできる。したがって、桁落ちが起きそうなところに多倍長を使って、そうでないところだけ通常の倍精度で計算する、というのは一つの戦略である。

注意：最後に、大事な注意をする。こうして比較的簡便に多倍長が使えるけれども、うかつに使うと失敗することもある。たとえば、50 桁で計算してみる。

```
x = mpmath.mpf(1.1) ; y = mpmath.mpf(1.2)
print(x+y)
--------------------------
2.3000000000000000444089209850062616169452667236328
```

しかし、50 桁はおろか、小数点 17 桁目で精度が崩れている。これはどうしてだろうか？ これはたいていのコンピュータ言語でも同じであるが、関数は内側から実行するという規則を知っていなくては理解できない。x を実行するときに、まずは 1.1 という数を計算してそれを mpf( ) という関数に代入していることになる。1.1 と入力した段階では通常の float64 であり、mpmath は使っていない。したがって正しい数値にならない。mpmath を使う前に汚染されていると言ってもよい。次のようにすれば問題は生じない。

```
x = mpmath.mpf('1.1') ; y = mpmath.mpf('1.2')
print(x+y)
```

注意：上のように mpmath.mpf といちいち書き下すのは面倒である。そういうときには from mpmath import mpf を実行しておけば、後は mpmath.mpf ではなくて、単に mpf で済む。

5.1.4　有理数型

Python や Julia には有理数型という独特のものがある。

```
from fractions import Fraction
```

これを使う。分数 m/n は Fraction(m, n) として使う。

次の二つを見比べてみればどういう違いがあるのか、そしてどういう使い方をすれば利点があるか、わかるであろう。

```
x = Fraction(4,3) ; y = Fraction(3,5)
x*y
--------------------------
Fraction(4, 5)
```

約分してくれることがわかる。さらに、

```
print(31/345 + 12/17)
Fraction(31,345) + Fraction(12,17)
--------------------------
0.7957374254049446
Fraction(4667, 5865)
```

とすると、float と Fraction の違いがわかろう。

```
Fraction(1,2) + Fraction(1,3) + Fraction(1,6)
```

と入力してみよう。通分と約分をやってくれることがわかる。

任意の自然数 $n > 1$ に対して、

$$a_n := \sum_{k=1}^{n} \frac{1}{k}$$

は整数ではないことが証明できる（ここではしない）。これをいくつかの n で確かめてみよう。

```
def f(x):
    y = Fraction(1,1)
    for i in range(2,x+1):
        y = y + Fraction(1,i)
    return y
```

という関数を定義して、$f(12)$ を計算させると

```
Fraction(86021, 27720)
```

という答が返ってくる。確かに整数ではない。他の n でも実験してみよ。

```
f(101)
------------------------------------------
Fraction(1463919079240743966268954674710929768361083,
         281670315928038407744716588098661706369472)
```

けっこう大きな数字になっているが、浮動小数に直してみると、5 をちょっと超えた程度である。a を有理数型の変数とすると、float(a) で浮動小数に変換してくれる。

問題

問題 5–1–1： $1/196$ を循環少数で表せ。

問題 5–1–2：（オイラーの代数学の教科書 [32] から採用した）$\dfrac{4913}{3375} + \dfrac{21952}{3375} + 5$ がある有理数の二乗になっていることを確かめよ。

問題 5–1–3：（これも同じ文献から採用した）$x + y = x^3 + y^3$ となる正の有理数 x, y の組を 4 組求めよ。ただし、$x < y$ とする。

問題 5–1–4： $N = 1, 2, 3, 4, 5$ について $\displaystyle\sum_{n=1}^{N} \frac{n}{(n+1)!}$ を計算し、その結果から一般の N に対する予想を立て、それを数学的に証明せよ。

問題 5–1–5： 1 が偶数個（$2n$ 個とする）並んだ自然数を x とする。このとき以下の法則が見て取れることを数値的に確かめよ。$\sqrt{x}$ は 3 が n 個並び、小数点が来て、その後にまた 3 が n 個並び、その次に 1 が来る。このことは一般の n について正しい（証明は文献 [47] にある）。

問題 5–1–6： $x = 10^{-7}$ とする。このとき、4.1 節の問題で示したように、

$$2\sqrt{1+x} - (2+x) = -0.0000000000000024999998750000078124994531250410156 2\cdots$$

であることを確認せよ。

問題 5–1–7： $\log x > 70$ となる最小の整数 x を求めよ。

問題 5–1–8： $0.217\dot{1}\dot{3}$ という循環小数を通常の既約分数で表せ。

5.2　円周率の計算

ここでは円周率を計算してみる。円周率については様々な書物があり、計算についてもいろんな方法が開発されている。ここではその入り口を眺めてみる。

もちろん、math.pi と入力すれば数値は出るし、$\arctan(1) = \pi/4$ から計算することもできる。しかし、その数値がプログラムの中でどう生み出されているかはわからない。本節では先人たちがどんな苦労の後に円周率を得たのかを振り返ることも目的の一つである。以下の円周率の計算では、値そのものが目標なのではない。それをプログラム練習に使うことが目標である。

本節でも numpy と mpmath を使う。

5.2.1　級数の収束

「ある定数 $r < 1$ があって、十分大きな n に対して常に $|a_{n+1}/a_n| \le r$ ならば級数 $a_1 + a_2 + a_3 + \cdots$ は収束する。そして r が小さいほど速く収束する」。これは微積分で習ったことである。さて、$\log 2$ を計算するために、

$$\log 2 = \log(1+1) = 1 - \frac{1}{2} + \frac{1}{3} - \frac{1}{4} + \cdots . \tag{5.1}$$

これを使おうとしても収束が遅すぎて使い物にならない。100 万項まで計算しても 5 桁しか合わない。

$$\log 2 = -\log\left(1-\frac{1}{2}\right) = \frac{1}{2} + \frac{1}{2}\cdot\frac{1}{2^2} + \frac{1}{3}\cdot\frac{1}{2^3} + \cdots. \tag{5.2}$$

これを使うと、各項は次々と 1/2 が掛けられるから、ずっと早く収束する。

式 (5.2) の誤差は次のように評価できる。$\frac{1}{N}\cdot\frac{1}{2^N}$ 項まで計算して、それ以降を切り捨てれば、誤差 e_N は

$$0 < |e_N| = \frac{2^{-N-1}}{N+1} + \frac{2^{-N-2}}{N+2} + \cdots \ < \ \frac{2^{-N-1}}{N+1} \times \frac{1}{1-\frac{1}{2}} = \frac{2^{-N}}{N+1}$$

と押さえられる。これから、5 桁合うには $N = 15$ 程度とればよいことがわかる。したがって式 (5.1) は使うべきではない。(5.2) の方がよい。

では問題。もっと早く $\log 2$ に収束する級数はあるのだろうか？ 答はいっぱいある。たとえば、次の 2 式

$$\log(1+x) = x - \frac{x^2}{2} + \frac{x^3}{3} - \frac{x^4}{4} + \cdots, \qquad \log(1-x) = -x - \frac{x^2}{2} - \frac{x^3}{3} - \frac{x^4}{4} - \cdots$$

に注意してみる。これから、

$$\log\frac{1+x}{1-x} = 2x\left(1 + \frac{x^2}{3} + \frac{x^4}{5} + \frac{x^6}{7} + \cdots\right).$$

$x = 1/3$ とおくと

$$\log 2 = \frac{2}{3}\left(1 + \frac{1}{3\times 9} + \frac{1}{5\times 9^2} + \frac{1}{7\times 9^3} + \cdots\right). \tag{5.3}$$

係数は次々に 1/9 が掛けられるから (5.2) の級数よりもさらに早く収束する。

この例が与えてくれる教訓は、「同じことならば早く収束する級数・アルゴリズムを使わなければ損だ」ということである。

5.2.2 無限べき級数

ライプニッツもニュートンも円周率に関する重要な無限級数を得たが、ここでは数値計算の観点から、話をシャープ (Abraham Sharp, 1653–1742) から始める。彼は 1699 年に円周率を 71 桁計算した。ハリー彗星で有名な E. Halley が

$$\arctan(x) = x - \frac{x^3}{3} + \frac{x^5}{5} - \frac{x^7}{7} + \cdots \tag{5.4}$$

に $1/\sqrt{3}$ を代入して、

$$\frac{\pi}{6} = \frac{1}{\sqrt{3}}\left(1 - \frac{1}{3\times 3} + \frac{1}{5\times 3^2} - \frac{1}{7\times 3^3} + \cdots\right)$$

を得た。この計算を実行したのがシャープである。括弧の中の数列を

$$a_0 = 1, \qquad a_i = \frac{(-1)^i}{(2i+1)\times 3^i} \qquad (i = 1, 2, \cdots)$$

と書き表すことにしよう。

$$\pi = 2\sqrt{3}\left(\sum_{i=0}^{2N-1} a_i + e_{2N}\right)$$

とおけば、$e_{2N} = a_{2N} + a_{2N+1} + a_{2N+2} + \cdots$ である。$\{a_n\}$ は交代級数で、絶対値は単調減少である。ゆえに、

$$|e_{2N}| < a_{2N} = \frac{1}{(4N+1) \times 9^N}$$

となる。したがって、

$$\pi \approx 2\sqrt{3} \sum_{i=0}^{2N-1} a_i$$

の誤差の絶対値は

$$\frac{2\sqrt{3}}{(4N+1) \times 9^N}$$

で抑えられる。したがって、誤差の絶対値が 10^{-71} 以下になるには

$$N \log 9 \geq 71 \log 10 + \log(2\sqrt{3})$$

が十分条件である。これを数値計算すれば、$N \geq 75$ が十分条件であることがわかる。

シャープは 70 桁以上の数値を手計算で 150 個計算したわけであるが、これを現代のパソコンでやってみよう。mpf を使用し、$\sum_{n=0}^{149} a_i$ を計算してみると、通常の計算よりは時間がかかるが、最新のパソコンの CPU であれば 1 秒もかからない。とりあえず 75 桁で実行してみると、

```
import mpmath
mpmath.mp.dps=75
w = mpmath.mp.mpf(1)
for i in range(1,150):
    j=mpmath.mp.mpf(i)
    w = w+ mpmath.mp.mpf(-1)**j/(mpmath.mp.mpf(2*j+1)*mpmath.mp.mpf(3)**j )
print(w * mpmath.mp.mpf(2)*mpmath.sqrt(mpmath.mp.mpf(3)))
----------------------------------------
3.14159265358979323846264338327950288419716939937510582097494459230781640626
```

となる。これを

```
mpmath.atan(mpmath.mp.mpf(1))*mpmath.mp.mpf(4)
----------------------------------------
mpf('3.141592653589793238462643383279502884197169399375105820974944592307816406286l3')
```

と比べてみよう。73 桁合っている。

5.2.3　マチンの公式

シャープのすぐ後、1706 年に、マチン (John Machin. 1680–1751) がもっと優れた公式を発見した。これがその後のスタンダードとなった「マチンの公式」である。それは次のように書くことができる。

$$\pi = 16 \arctan\frac{1}{5} - 4 \arctan\frac{1}{239}. \tag{5.5}$$

では、以下に証明を示す。

$y = \arctan(1/5)$ とおくと $\tan 2y = \dfrac{2\tan y}{1-\tan^2 y} = \dfrac{\frac{2}{5}}{1-\frac{1}{25}} = \dfrac{5}{12}.$

次に、$\tan 4y = \dfrac{2\tan 2y}{1-\tan^2 2y} = \dfrac{\frac{10}{12}}{1-\frac{25}{144}} = \dfrac{120}{119}.$ （ここでこの値が 1 に非常に近いことが大事である。）そして、次の計算をする。

$$\tan\left(4y - \frac{\pi}{4}\right) = \frac{\tan 4y - 1}{1+\tan 4y} = \frac{1}{239}.$$

すなわち、$4y - \dfrac{\pi}{4} = \arctan\dfrac{1}{239}.$ これは式 (5.5) に他ならない。

■

式 (5.5) の右辺をべき級数に展開すると、たとえば

$$\arctan\frac{1}{5} = \frac{1}{5}\left(1 - \frac{1}{3\times 5^2} + \frac{1}{5\times 5^4} + \cdots\right)$$

のようになる。次々と 1/25 が掛けられるので、収束は速い。71 項計算すると 100 桁に達する。$\arctan\frac{1}{239}$ の方ははるかに速く収束する。

オイラーはこれを改良して、もっと早く収束する公式を発見した。

$$\pi = 20\arctan\frac{1}{7} + 8\arctan\frac{3}{79}. \tag{5.6}$$

式 (5.6) はマチンの公式と同様に $y = \arctan(1/7)$ とおいて、$\tan 5y$ を計算することによって証明できる（本節末に記した）。

彼はこれにさらに工夫を加えて、1 時間で 20 桁計算したと言われている。その工夫の部分は考えずに (5.6) を直接計算してもかなり速い。

$$\arctan\frac{1}{7} = \frac{1}{7}\sum_{n=0}^{\infty}\frac{(-1)^n}{(2n+1)7^{2n}}$$

である。$0 \le n \le 12$ の和をとれば誤差は 10^{-22} 以下になる。

$$\arctan\frac{3}{79} = \frac{3}{79}\sum_{n=0}^{\infty}\frac{(-1)^n\cdot 3^{2n}}{(2n+1)79^{2n}}$$

だと $0 \le n \le 7$ の和をとれば誤差は 10^{-22} 以下になる。

式 (5.6) でも十分に速いが、オイラーはさらに、

$$\arctan x = \frac{x}{1+x^2}\sum_{n=0}^{\infty}\frac{2\cdot 4\cdots(2n)}{3\cdot 5\cdots(2n+1)}\left(\frac{x^2}{1+x^2}\right)^n \tag{5.7}$$

を使うともっと便利であることに気づいた。式 (5.7) の証明は (5.5) ほど簡単ではない。

$$E_n = \frac{2\cdot 4\cdots(2n)}{3\cdot 5\cdots(2n+1)}\left(\frac{x^2}{1+x^2}\right)^n$$

とおくと、

$$E_0 = 1, \qquad E_n = \frac{2n}{2n+1}\frac{x^2}{1+x^2}E_{n-1}$$

なので、E_n の計算は直接計算するのではなく、この漸化式を使うのが便利である。

$$0 < E_n < \frac{x^2}{1+x^2}E_{n-1} \qquad \text{であるから} \qquad 0 < E_n < \left(\frac{x^2}{1+x^2}\right)^n.$$

よって、N で打ち切ったときの誤差は

$$E_{N+1} + E_{N+2} + \cdots \leq \frac{\left(\frac{x^2}{1+x^2}\right)^{N+1}}{1 - \frac{x^2}{1+x^2}} = \left(\frac{x^2}{1+x^2}\right)^N \times x^2. \tag{5.8}$$

5.2.4　ラマヌジャンの公式

$$\frac{9801}{\sqrt{8}\,\pi} = \sum_{n=0}^{\infty} \frac{(4n)!(1103+26390n)}{(n!)^4 396^{4n}}.$$

これをラマヌジャンが 1914 年に見つけた (文献 [44] の 38 ページ、もしくは [63])。これの改良版もいっぱい知られているが、これだけでも十分驚きの公式である。普通の人間が思いつくものではない。

右辺は無限和であるが、何項までとれば 15 桁合うか？ この級数を $a_0 + a_1 + a_2 + \cdots$ としたとき、$a_n \quad (n = 0, 1, 2 \cdots, 10)$ を計算してみよ。いかに速く収束するか、実感できるであろう。

$$a_0 = 1103, \quad a_1 = 2.683\cdots \times 0^{-5}, \quad a_2 = 2.245\cdots \times 10^{-13}, \quad a_3 = 1.995\cdots \times 10^{-21},$$
$$a_4 = 1.839\cdots \times 10^{-29}$$

を確かめよ。

5.2.5　収束の遅い級数の加速法

級数を加速する方法がいろいろと知られている。ここでは、エイトケンの加速法というものを紹介する。これは関 孝和[1]が考えついたのが最も古いので、1926 年に再発見したエイトケンだけを出すのではなく、エイトケン・関の加速法と呼ぶのが正しかろう。

部分和

$$s_n = \sum_{k=1}^{n} a_k$$

を $n, n+1, n+2$ について計算する。ほとんどの場合 s_{n+2} が最も真の値に近いから s_{n+2} を近似値として採用するが一番よかろうと誰もが思う。しかし、

$$s_n - \frac{(s_{n+1} - s_n)^2}{s_{n+2} - 2s_{n+1} + s_n}$$

をもって近似値とする、というのがエイトケン・関の加速法である。

式 (5.3) を使って加速の効果を検証してみよう。

```
w1=1
for i in range(1,9):
```

1　生年不詳。1707 年没。

```
    w1 = w1 + 1/( (2*i+1)*9**i )
w2 = w1 + 1/19*9**-9
w3 = w2 + 1/21*9**-10
print(w3*2/3)
print(2/3*( w1 - (w2-w1)**2/(w3 + w1 - 2*w2) ) )
print(np.log(2))
```

結果は、単純に s_{n+2} を使うよりも 2 桁よくなる。これを確認せよ。

5.2.6 arctan への補足

以下に、式 (5.6) の証明を示す。

$y = \arctan\frac{1}{7}$ とし、tan の加法公式によって以下を計算する。

$$\tan 2y = \frac{7}{24}, \qquad \tan 3y = \frac{73}{161}, \qquad \tan 5y = \frac{2879}{3353}.$$

これを使うと、

$$\tan\left(\frac{\pi}{4} - 5y\right) = \frac{\tan\frac{\pi}{4} - \tan 5y}{1 + \tan\frac{\pi}{4}\tan 5y} = \frac{1 - \frac{2879}{3353}}{1 + \frac{2879}{3353}} = \frac{474}{6232} = \frac{237}{3116}.$$

一方、

$$\tan\left(2\arctan\frac{3}{79}\right) = \frac{\frac{6}{79}}{1 - \frac{9}{79^2}} = \frac{237}{3116}.$$

■

別の証明もある。$qr = 1 + p^2$ ならば

$$\arctan\frac{1}{p} = \arctan\frac{1}{p+q} + \arctan\frac{1}{p+r}$$

となる。Mathematical Gazette, Vol. 58, No. 403 (Mar., 1974), 57 によれば、これは Lewis Carrol によるものである。しかし、実は、オイラーが

$$\arctan\frac{1}{p} = \arctan\frac{1}{p+q} + \arctan\frac{q}{p^2 + pq + 1} \tag{5.9}$$

を証明している。したがって、これは上の公式と同値である[2]。

これを使うと、

$$\frac{\pi}{4} = \arctan 1 = \arctan\frac{1}{2} + \arctan\frac{1}{3}$$
$$\arctan\frac{1}{2} = \arctan\frac{1}{3} + \arctan\frac{1}{7}$$
$$\arctan\frac{1}{3} = \arctan\frac{1}{7} + \arctan\frac{2}{11}.$$

式 (5.9) において $p = 11/2, q = 3/2$ とすると、

$$\arctan\frac{2}{11} = \arctan\frac{1}{7} + \arctan\frac{3}{79}.$$

2 E74 De variis modis circuli quadraturam numeris proxime exprimendi (On various methods for expressing the quadrature of a circle with verging numbers) の 14 節。1738 年に書かれ、1744 年に印刷公表となった。

これらをまとめるとオイラーの公式 (5.6) を得る。

以下に、(5.7) の証明を示す。

$x = \tan t,\ \ y = \sin t$ とおくと、(5.7) は

$$\frac{\arcsin y}{y\sqrt{1-y^2}} = \sum_{n=0}^{\infty} \frac{2\cdot 4\cdots(2n)}{3\cdot 5\cdots(2n+1)} y^{2n} \tag{5.10}$$

と書き換えられる。したがって、左辺のマクローリン展開を求めればよい。左辺を $f(y)$ とおけば、$y\sqrt{1-y^2}f(y) = \arcsin y$. これを微分すると $y(1-y^2)f'(y) + (1-2y^2)f(y) - 1 = 0$ を得る。明らかに f は偶関数であり、$f(0) = 1$ である。よって、$f(y) = \sum_{n=0}^{\infty} p_n y^{2n}$ と置くことができる。これを代入すると、

$$\sum_{n=0}^{\infty}(2n+1)p_n y^{2n} - \sum_{n=0}^{\infty}(2n+2)p_n y^{2n+2} - 1 = 0$$

を得る。これから $p_n = \frac{2n}{2n+1}p_{n-1}$ を得る。後は簡単である。

本節では文献 [17, 15] を参照した。

問題

問題 5–2–1： 数列 $a_n = (n+1)^{1000}2^{-n}\ \ (n = 1, 2, 3\cdots)$ はゼロに収束することが知られている（簡単に証明できる）。n を大きくしてゆけばいつかは $a_n < 0.1$ となるはずである。では、$a_n < 0.1$ となる最初の n はいくらか？

問題 5–2–2： 級数 $\sum_{n=2}^{\infty} \frac{1}{n(\log n)^2}$ は収束する。何項目まで計算すると真の値との誤差が $1/100$ 以下になるか？ 言い換えれば、$\sum_{n=N+1}^{\infty} \frac{1}{n(\log n)^2} < \frac{1}{100}$ となるには N をどうとればよいか？ 次の不等式を使ってそのための十分条件を求めよ。

$$\sum_{n=N+1}^{\infty} \frac{1}{n(\log n)^2} < \int_N^{\infty} \frac{dx}{x(\log x)^2} = \int_{\log N}^{\infty} \frac{du}{u^2} = \frac{1}{\log N}.$$

数の単位は一・十・百・千・万・億・兆・京・垓・𥝱・穣・溝・澗・正・載 $\cdots$ と続くが、正は 10^{40} であり、載は 10^{44} である。

問題 5–2–3： $x = 1/7$ のときに式 (5.7) を、誤差 10^{-20} 以下で計算するには N をどうとったらよいか？ $N = 12$ で十分であることを確認せよ。

問題 5–2–4： ティムール帝国のサマルカンドで活躍した Al Kashi (1380?–1429) は円周率の 2 倍を 60 進法で次のように計算した。彼の数字は何桁合っているか？

6; 16 59 28 1 34 51 46 15 50

（ここで、；は当時使われていなかったもので、小数点の位置を表している。現代的な考え方

に基づいて付け加えたものでしかない。;のすぐ後の 16 は 16/60 を意味し、その次の 59 は $59/(60)^2$ を意味する。)

5.3 関数の補間

補間理論の基礎について説明する。関数を描くことは大事なことである。初等関数およびその合成・四則演算でできるものであればグラフを描くことは簡単である。しかし、何らかの法則、たとえば雨の量 x とコンビニ弁当の売上量 y の間に成り立つ関係がそんな簡単に描けるものではないし、$y = f(x)$ が簡単に求められるものでもない。ただ、$x_1, x_2, \cdots, x_N$ というデータとそれに対する値 $y_1, y_2, \cdots, y_N$ という観測値がわかっていることは多い。

そこで、問題としては、$y_j = f(x_j)$ $j = 1, 2, \cdots, N$ となる関数 f を**推測せよ**ということになる。

本節でも次の三つを使う。さらに、scipy も使うが、それは後で説明する。

```
import numpy as np
import math
import matplotlib.pyplot as plt
```

5.3.1 補間理論

補間とは、interpolation の訳語である。「補完」ではないので注意しよう。有限個の標本点 $x_1, x_2, \cdots, x_N$ が与えられたとき、標本点と標本点の間のデータを補う操作のことである。

とはいえ、そのような関数 f は無数にあるから、それだけでは解は無限に存在して、一意に定まらない。平面の点 (x_j, y_j) $(1 \leq j \leq N)$ を折れ線でつなげば一つの関数を得るが、これでは x_j と x_{j+1} の間における誤差は大きくなるであろう。自然法則は滑らかな $f(x)$ で表現できることが多いから、そのようなものに折れ線を当てはめても高い精度は期待できない。そこで、古来考えられてきたのが、滑らかな初等関数の組み合わせをあらかじめ用意しておき、その範囲の中から選ぶ方法である。

$f_1(x), f_2(x), \cdots, f_N(x)$ という N 個のよくわかっている関数を用意し、その線形結合

$$\sum_{k=1}^{N} \alpha_k f_k$$

全体を考える。ここで、係数 α_k は任意の実数にわたるものとする。そうして、「すべての $j = 1, 2, \cdots, N$ に対して

$$y_j = \sum_{k=1}^{N} \alpha_k f_k(x_j)$$

が成り立つように α_k を決めよ」という問題設定にすれば意味ははっきりとしてくる。

特に f_k として、$1, x, x^2, \cdots, x^{N-1}$ をとれば、「$N-1$ 次以下の多項式で、すべての $1 \leq j \leq N$ に対して x_j において与えられた y_j に等しくなるものを求めよ」という問題になる。これを多項式補間と呼ぶ。

そうすると、$\{x_j\}_{j=1}^N, \{y_j\}_{j=1}^N$ を与えて、すべての $j=1,2,\cdots,N$ について

$$\sum_{k=1}^{N} \alpha_k x_j^k = y_j$$

が成立するような $\alpha_1, \alpha_2, \cdots, \alpha_N$ を求めればよいことになる。これは $\{\alpha_k\}$ に関する連立 1 次方程式になるから、これを解いて $\{\alpha_k\}$ を求めればよい。これでよさそうに思えるが、N が大きいと問題が生ずる。まず、その連立 1 次方程式の係数行列はヴァンデルモンド行列と呼ばれるもので、正則行列ではあるが、大変解きにくい（数値誤差に汚染されやすい）行列であることが知られている。N が小さいうちはどんな解き方でも構わないが、大きくなると、次項の方法を用いるべきである。

5.3.2　多項式補間

ニュートンは多項式補間の公式を発見し、それが重要なものであることを認識していた。後にラグランジュが同値だけれども別の形の公式を見出した。それぞれ、ニュートンの補間公式、ラグランジュの補間公式と呼ばれるものである（ニュートン型、ラグランジュ型と呼ばれることもある）。

歴史的順序とは逆になるけれども、わかりやすいラグランジュ公式から説明する[3]。これを書き下すには、与えられた j に対して

$$L_j(x_k) = \delta_{j,k} \qquad (k=1,2,\cdots,N)$$

となる $N-1$ 次多項式 L_j がただ一つ存在することに注意すればよい（ここで、δ_{jk} はクロネッカーのデルタと呼ばれる量で、$k=j$ のときに $\delta_{jk}=1$ とし、$j \neq k$ のときには $\delta_{jk}=0$ と約束する)。実際、L_j は次のように書き下すことができる。まず、

$$M(x) = (x-x_1)(x-x_2)\cdots(x-x_N)$$

とおく。これはもちろん N 次多項式である。

$$L_j(x) = \frac{M(x)}{(x-x_j)M'(x_j)} \qquad M' \text{ は } M \text{ の導関数}$$

とおくと、これは $N-1$ 次多項式である。

$$\frac{M(x)}{(x-x_j)} = (x-x_1)(x-x_2)\cdots(x-x_{j-1})(x-x_{j+1})\cdots(x-x_N)$$

であるから、$k \neq j \Longrightarrow L_j(x_k)=0$ である。一方、ちょっと考えればわかるように、

$$M'(x_j) = (x_j-x_1)(x_j-x_2)\cdots(x_j-x_{j-1})(x_j-x_{j+1})\cdots(x_j-x_N)$$

であるから、$L_j(x_j)=1$ である。

さて、L_j が決まったら、

3　実はややこしいことに、ラグランジュの補間公式を最初に発見したのはイギリス人の Edward Waring (1736–1798) である。にもかかわらず、慣例によって Waring の公式とは呼ばれず、ラグランジュの公式と呼ばれている。

$$f(x) = \sum_{j=1}^{N} y_j L_j(x)$$

とおけばよい。これが求めるものになる。代数学の基本定理を使うと、$N-1$ 次多項式で $x_1, x_2, \cdots, x_N$ において $y_1, y_2, \cdots, y_N$ をとるものは高々 1 個しかないことが証明できるから、これで補間多項式が一意に存在することが証明された。

ニュートンの補間多項式はある意味で、もっと数値計算に便利である。しかし、本格的な補間理論を展開することが目的ではないので、この講義ではニュートン補間については割愛する。

5.3.3　ルンゲ現象

ルンゲ (Carl Runge, 1856–1927) はドイツの数学者。ルンゲ現象を発見するとともに、常微分方程式の高精度数値解法であるルンゲ・クッタ法の発見者でもある。

さて、有界閉区間で近似するとき、一番簡単なのは標本点の集合 $\{x_k\}$ を等間隔にとることであろう。ここでは区間を $[a,b]$ とし $h = (b-a)/N$ とおいて $x_k = a + kh$ と定義する。

$$a = x_0 < x_1 = a + h, < x_2 = a + 2h < \cdots < x_N = b.$$

関数値 $y_j = f(x_j)$ を与えてラグランジュ補間多項式 F_N を定義する。このときすべての点 $x \in [a,b]$ において

$$\lim_{N \to \infty} F_N(x) = f(x)$$

が成り立つであろう。こう予想するのは自然である。しかし、ルンゲはそうではないことを簡単な反例で示した。

ルンゲの例：定義域 $[a,b]$ は $[-1,1]$ とする。

$$f(x) = \frac{1}{25x^2+1}, \qquad -1 \le x \le 1.$$

```
a = np.linspace(-1,1,5)       #  N=5として標本点を決める
b = 0.5                       #   標本点の間隔
f0 = lambda x :  (x-a[1])*(x-a[2])*(x-a[3])*(x-a[4])/(24*b**4)
f1 = lambda x :  (x-a[0])*(x-a[2])*(x-a[3])*(x-a[4])/(-6*b**4)
f2 = lambda x :  (x-a[0])*(x-a[1])*(x-a[3])*(x-a[4])/(4*b**4)
f3 = lambda x :  (x-a[0])*(x-a[1])*(x-a[2])*(x-a[4])/(-6*b**4)
f4 = lambda x :  (x-a[0])*(x-a[1])*(x-a[2])*(x-a[3])/(24*b**4)
g = lambda x :  1/(25*x*x + 1)
h=lambda x: g(a[0])*f0(x)+g(a[1])*f1(x)+g(a[2])*f2(x)+g(a[3])*f3(x)+g(a[4])*f4(x)
x = np.linspace(-1,1,100) ; y = g(x) ;  z = h(x)
plt.xlabel('x',fontsize=24,fontfamily='Times New Roman')
plt.ylabel('y',fontsize=24,fontfamily='Times New Roman')
plt.plot(x,y,color='black',linewidth=3)
plt.plot(x,z,color='black',linestyle='dashed',linewidth=3)
```

これでラグランジュ補間の L_j が定義され、グラフを描いてみると図 5.1 となる。確かに標本点では一致しているが、$0.5 < |x| < 1$ における誤差の大きさが目につくであろう。N をもっと大きくすれば、図 5.2 が示すように、$x = \pm 1$ 近くの標本点と標本点の間で大きな誤差が生ずるこ

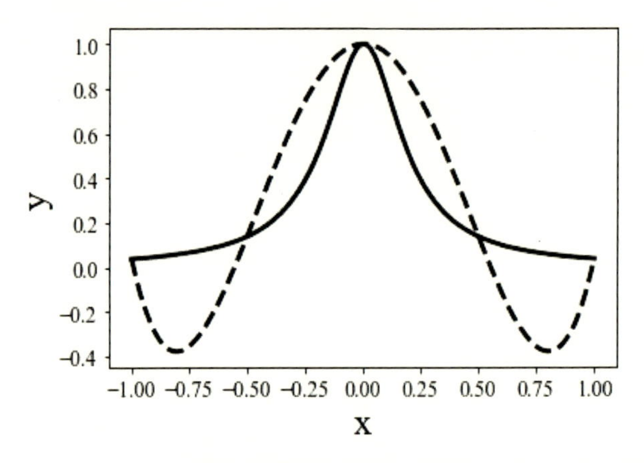

図 5.1　5 点ラグランジュ補間（実線は元の関数、破線はラグランジュ多項式）

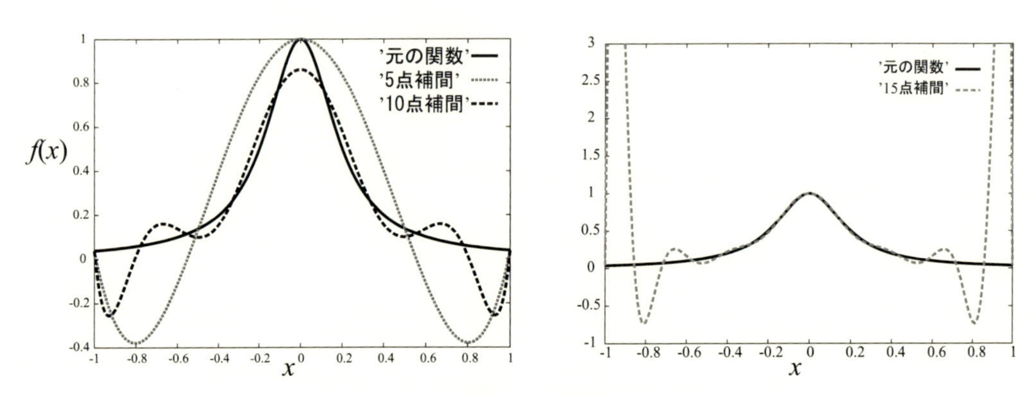

図 5.2　N 点ラグランジュ補間、N を増やしてもかえって悪くなる

とがわかる。

一方で、$g(x) = 1/(x^2 + 1)$ を $[-1, 1]$ で考え、$N = 5$ で近似すると、図 5.3 となる。$N = 5$ でも近似はよい。実際、このときは $-1 \leq x \leq 1$ においてラグランジュ近似多項式は g に一様収束することが証明できる。

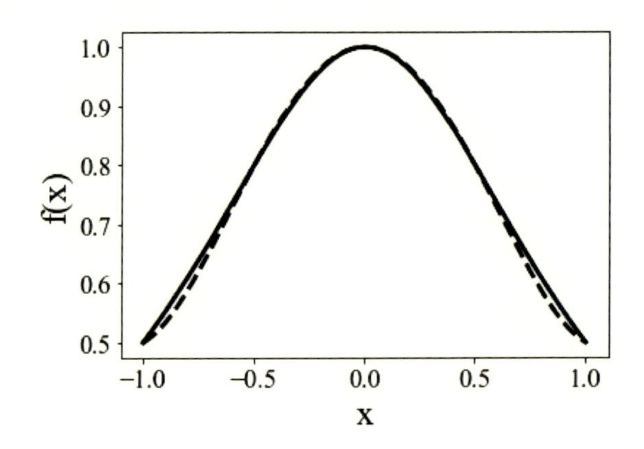

図 5.3　関数 $f(x) = 1/(x^2 + 1)$ のグラフとそのラグランジュ補間

5.3.4 scipyを使った補間

scipyのライブラリーを使ってラグランジュ公式を確認してみよう。

```
import numpy as np
import math
import matplotlib.pyplot as plt
from scipy import interpolate
```

を実行した後に、

```
n=11
x = np.linspace(-5,5,n)
y = 1/(1 + x*x)
x1 = np.linspace(-5,5,200)
y1 = 1/(1+ x1*x1)
f = interpolate.lagrange(x,y)
y2 = f(x1)
plt.plot(x1,y2,x1,y1)
```

のように n をいろいろと変えて、何が見えるか、試してみよ。n が大きくなると定義域の端点 $x = \pm 5$ 近くでずれが大きくなってゆくことが見て取れるであろう。これに対し、$[-2, 2]$ あたりでは収束している。

また、これと

```
n=11
x = np.linspace(-5,5,n)
y = 1/(1 + x*x)
x1 = np.linspace(-5,5,200)
y1 = 1/(1+ x1*x1)
f = interpolate.interp1d(x,y,kind='cubic')
y2 = f(x1)
plt.plot(x1,y2,x1,y1)
```

を比べてみよ。これは3次のスプライン補間というものを使っている。これは定義域全体である程度の収束をしている。n を大きくすると誤差も小さくなっている。スプライン補間が何者なのか、ここでは説明しない。興味のある読者は文献 [18, 11] を参照されたい。

5.3.5 チェビシェフ多項式

こうした現象はなぜ発生するのであろうか？ そこには解析学の深い理論がかかわってくるので、本書では述べない。数値計算の問題としては、どうやったらこうした現象を避けることができるかである。このためには、発散するのが区間の両端の近傍であることに注意する。そこで、$\{x_k\}$ を等間隔にせず、両端近くで多くの標本点が集まるようにすればよいのではないか、と見当をつける。そうした不等間隔の標本点は無限にあるけれども、チェビシェフ多項式というものが指針を与えてくれる。

$\cos n\theta$ は $\cos\theta$ の多項式で表すことができる。

$$\cos 2\theta = 2\cos^2\theta - 1, \quad \cos 3\theta = 4\cos^3\theta - 3\cos\theta, \quad \cdots.$$

これらの多項式を $T_n(x)$ で表し、チェビシェフ[4]多項式と呼ぶ。これを書き下すと

$$T_1(x) = x, \quad T_2(x) = 2x^2 - 1, \quad T_3(x) = 4x^3 - 3x, \quad T_4(x) = 8x^4 - 8x^2 + 1, \cdots$$

である。チェビシェフ多項式 T_N は N 次多項式であるが、その根はすべて単根で、$-1 < x < 1$ の中にある。実際、それらは

$$\cos\left(\frac{1}{N}\left(m\pi + \frac{\pi}{2}\right)\right) \qquad (m = 0, 1, \cdots, N-1)$$

であることは明らかである。これらを標本点 $\{x_k\}$ としてラグランジュ補間をすると元の関数に収束する（その証明はここではしない）。図 5.4 参照。

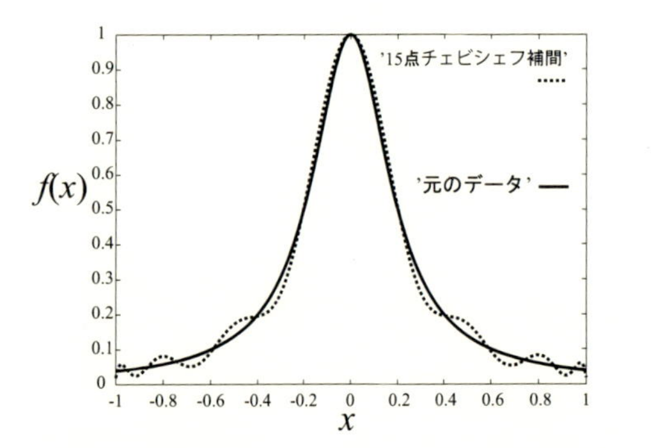

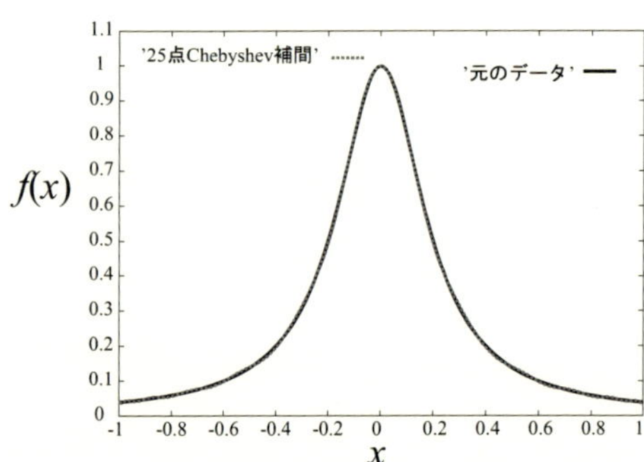

図 5.4 関数 $f(x) = 1/(25x^2 + 1)$ のグラフと、チェビシェフ多項式の根を使ったラグランジュ補間

チェビシェフ多項式のゼロ点の分布を $N = 20$ のときに描いてみると、

```
n = 20 ; x = np.zeros(n+1)
a = 0.5*np.pi  ; b = 2*np.pi
for i in range(21):
    x[i]= np.cos( (a + (n-i)*b)/n )
y = np.zeros(n+1)
plt.plot(x,y,marker='o',linestyle='none')
```

のようになる。チェビシェフ多項式の根を標本点としてラグランジュ補間をすると、

```
n=23
a = 0.5*np.pi ; b = 2*np.pi
x = np.linspace(-5,5,n)
for i in range(n):
    x[i]= 5*np.cos( (a + i*b)/n )
y = 1/(1 + x*x)
x1 = np.linspace(-5,5,200)
y1 = 1/(1+ x1*x1)
f = interpolate.lagrange(x,y)
y2 = f(x1)
plt.plot(x1,y2,x1,y1)
print(x[0],x[n-1])
```

4 Pafnuty Chebyshev, 1821–1894. ロシアの数学者。素数の分布で有名な定理を証明した。チェビシェフ多項式の研究も歴史に残る貢献である。

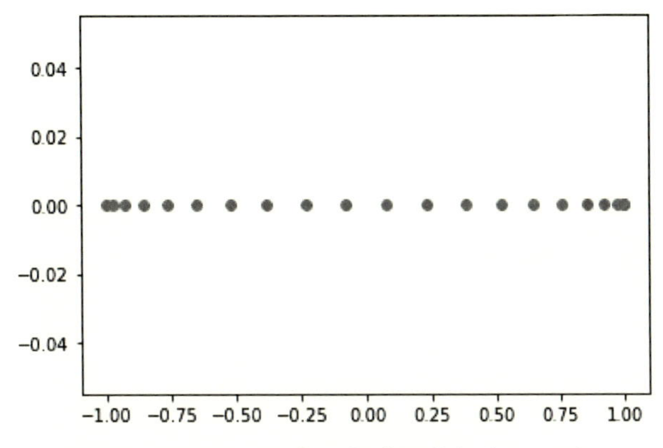

図 5.5　チェビシェフ多項式の根の分布（$N = 20$）

となり、等間隔でやるときとは明らかに違う。

このアイデアは極めて重要なものであるが、標本点 $\{x_k\}$ を自分で選ぶことができないときには無力である。

補間多項式には深い数学的理論が付属する。それについてはここでこれ以上述べることはしない。文献 [18, 27] などを見ていただきたい。

最後に、そもそもラグランジュ補間の説明のところで出てきた $L_j(x)$ などはどんなものであろうか？ $N = 11, j = 5$ でグラフを描いてみると、けっこういびつなものであることがわかる(図 5.6)。

```
n=11
x = np.linspace(0,1,n)
y = 0.0/(1 + x*x)
y[5]=1
x1 = np.linspace(0,1,500)
f = interpolate.lagrange(x,y)
y2 = f(x1)
plt.xticks(np.linspace(0,1,11))
plt.grid()
plt.xticks(fontsize=18)
plt.yticks(fontsize=18)
plt.plot(x1,y2,linewidth=3,color='black')
```

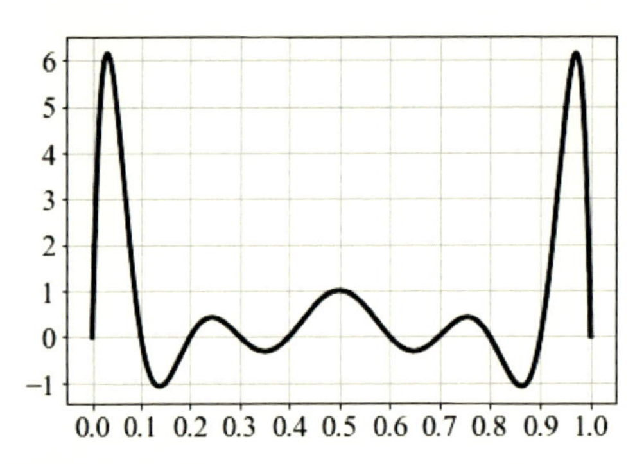

図 5.6　ラグランジュ補間関数 $L_j(x)$（$j=5, N=11.\ x=0.5$ では 1 になり、他の標本点では 0 になっているが、端点の近くで異様に大きな値をとっている）

等間隔、いつもよいとは限らない めんどうだけどチェビシェフはよい

以上、多項式だけを考察の対象にしてきたが、有理関数も含めて考えればもっと効率よく近似することが可能となる。パデ近似と呼ばれるものはその一つである。また、べき根 $\sqrt[n]{x}$ など、他の関数を使えばもっとよくなることもある。次の例はハーディーによる（文献 [42]）ものである。その誤差の絶対値の最大値を計算せよ。また、両者をグラフに描き、ほとんど一致していることを確認せよ。

$$\cos\frac{\pi x}{2} \approx 1 - \frac{x^2}{x+(1-x)\sqrt{\frac{2-x}{3}}} \qquad (0 \le x \le 1). \tag{5.11}$$

補間理論には長い歴史と深い理論が積み上げられている。これまでにも参考書をあげたが、補間を専門にした教科書として文献 [27] をあげておく。

問題

問題 5–3–1： ルンゲ現象とはどのようなものか、「等間隔」「ラグランジュ」という言葉を使って 200 文字以内で説明せよ。

問題 5–3–2： $f(x)=1/(x^2+1)$ を $-5 \le x \le 5$ で考える。標本点の個数を様々に変えて、ラグランジュ補間とスプライン補間の違いがわかるように図示せよ。scipy は使ってよい。

問題 5–3–3： 上に記した式 (5.11) を数値的に確かめよ。つまり、その誤差の絶対値の最大値を計算せよ。また、両者をグラフに描き、ほとんど一致していることを確認せよ。

5.4　オイラー定数

オイラー定数を計算する方法を紹介する。本節の内容はコンピュータの扱い方の面では他の節との重複が多い。これは欠点であるが、数論においてオイラー定数が果たす役割の大きさから、捨てるに忍びなかった。

5.4.1 定義

オイラー定数 (Euler's constant) とは

$$\gamma = \lim_{N\to\infty}\left(\sum_{n=1}^{N}\frac{1}{n} - \log N\right)$$

で定義される定数である。この極限が存在すること自体は簡単に証明できる。したがって、値は確定している。オイラー定数は

$$0.5772156649015328606065120900824024310421593359399 2\cdots$$

であることが知られている（たとえば文献 [50] を見よ）。しかし、無理数かどうかは未解決である。これは著名な未解決問題であり、これが解決できれば相当有名になれる。

(自然対数の底 e はオイラー数 (Euler's number) である。混同しないように。なお、これはネイピアとは直接の関係はないものなので e をネイピア数と呼ぶことは数学史的に間違っている。皆さんはこういう言葉を使わないように。)

γ をオイラー・マスケローニ定数と呼ぶ人もいる。マスケローニ[5]は幾何学で大きな業績を残した人物であるが、γ を計算したときは 20 桁目で間違いを犯したのである。オイラーがすでに 16 桁計算していたわけであるし、この定数の重要性を強調したのもオイラーなのだから、オイラー・マスケローニ定数という名前はよい名前だとは思えない。ここでは Euler constant あるいはオイラー定数と呼ぶ。

5.4.2 簡単な歴史

次のように、計算が進んできた。有名な数学者も関与してきた。最後の二つはコンピュータを使った計算である。より詳しい歴史が文献 [45, 37] に見られる。

年	数学者	
1740	Euler	γ を定義して 6 桁計算した　(E43)
1770	Euler	16 桁計算した（15 桁まで正しかった）　(E393)
1790	Mascheroni	32 桁計算したが 20 桁目に間違いがあった
1809	Soldner	24 桁計算した（全部正しかった）
1812	Gauss と Nicolai	40 桁計算した
1878	Adams	263 桁計算した
1962	Knuth	1271 桁計算した。
1977	Brent	20700 桁計算した。

5　Lorenzo Mascheroni, 1750–1800.

5.4.3　単純な計算法

大きな自然数 m をとって、

$$\gamma_m = \sum_{n=1}^{m} \frac{1}{n} - \log m$$

とする。これが γ に対する近似値になろう。

```
m = 100000
y = 0
for i in range(m):
    y = y + 1/(m-i)
print(y-np.log(m))
----------------------------------------
0.5772206648931792
```

（絶対値の小さい方から足してゆく）　100000 個計算しても 4 桁しか合わない。しかし、

```
m = 100000
y = 0
for i in range(m):
    y = y + 1/(m-i)
print(y-np.log(m+0.5))
----------------------------------------
0.5772156649056797
```

のように、$\log m$ を $\log(m+0.5)$ に変えるだけで 11 桁合うようになる。

$$\gamma = \lim_{m\to\infty}\left(\sum_{n=1}^{m}\frac{1}{n} - \log m\right) \quad としても、\gamma = \lim_{m\to\infty}\left(\sum_{n=1}^{m}\frac{1}{n} - \log\left(m+\frac{1}{2}\right)\right)$$

としても数学的に変わりはしない。$\lim_{m\to\infty}\log\frac{m+\frac{1}{2}}{m} = 0$ だからである。しかし、数値計算に使うと両者には大きな違いが出る。なぜそうなるのかは、漸近展開を知ると理解できる。

次の漸近展開が知られている。

$$\sum_{n=1}^{N}\frac{1}{n} - \log N = \gamma + \frac{1}{2N} - \frac{1}{12N^2} + \frac{1}{120N^4} - \cdots \qquad (N\to\infty). \tag{5.12}$$

これは認めよう。

$$\log\left(N+\frac{1}{2}\right) - \log N = \log\left(1+\frac{1}{2N}\right) = \frac{1}{2N} - \frac{1}{8N^2} + \frac{1}{24N^3} - \cdots$$

であるから、辺引き算すると、

$$\sum_{n=1}^{N}\frac{1}{n} - \log\left(N+\frac{1}{2}\right) = \gamma + \frac{1}{24N^2} + O(N^{-3}) \qquad (N\to\infty)$$

を得る。N が大きいとき、誤差は、$\log N$ を使った場合には N^{-1} のオーダーであるが、$\log\left(N+\frac{1}{2}\right)$ を使った場合だと N^{-2} のオーダーとなる。これがこの公式の優秀な根拠である。

さて、漸近公式 (5.12) を使えばさらに精度よく計算することができる。

```
m = 10000 ; y = 0
for i in range(m):
    y = y + 1/(m-i)
print(y-np.log(m)-1/(2*m) + 1/(12*m*m) -1/(120*m**4))
--------------------------------------------------
    0.5772156649015352
```

1万個計算しただけで14桁合う。

教訓：定義をそのまま使うのではなくて、精度の高い式に置き換えて計算する。

Euler自身は15桁計算したときに定義に基づいて計算したわけではない。別のもっと不可思議な等式を証明してそれを使って計算している。

$$\gamma = \frac{3}{4} - \frac{1}{2}\log 2 + \frac{2}{3}(\zeta(3)-1) + \frac{4}{5}(\zeta(5)-1) + \frac{6}{7}(\zeta(7)-1) + \cdots .$$

ここで、$\zeta(n) = \sum_{k=1}^{\infty} \frac{1}{k^n}$ である。大きな n について $\zeta(n)-1$ は小さく、収束も早いから計算は比較的楽である。小さな n については $\zeta(n)$ の定義そのままでは計算しづらい。これには別の工夫がいる。

5.4.4 その他の方法

$$\gamma = -\int_0^1 \log\log\frac{1}{x}\,dx \tag{5.13}$$

であることがわかっている（ここでは証明しない）。これを使って計算してみよう。2.4節で使ったscipyのintegrateを使う。

```
import numpy as np
from scipy import integrate
```

これをやってから、次のようにする。

```
f = lambda x : - np.log(np.log(1/x))
integrate.quad(f,0,1)
----------------------------------------
(0.5772156649132887, 6.756611825586845e-09)
```

10桁合っているけれども、すごく精度がよいというわけではない。これは被積分関数が積分区間の端点で不連続だからである。

$$\gamma = -\int_{-\infty}^{\infty} x\exp\left(x - e^x\right)\,dx \tag{5.14}$$

であることがわかっている（ここでは証明しない）。これを使ってみると、

```
g = lambda x :  -x*np.exp( x- np.exp(x) )
integrate.quad(g,-np.inf,np.inf)
----------------------------------------
(0.577215664901533, 2.7915551056248488e-09)
```

式 (5.13) よりはずっとよい。13 桁合うけれども、しかし、そこまでである。

では、積分では精度よく計算できないのかというと必ずしもそうではない。たとえば、式 (5.14) を台形公式で計算すると 15 桁計算できる。なぜそうなるのかはここでは述べない。

補足 1： Brent は精密な数値計算に基づいて、もしも γ が既約有理数で p/q と表されたら、$q > 10^{10000}$ であるという結果を得た（文献 [24]）。こうした結果から、多くの数学者は γ が無理数であると予想している。しかし、その証明に成功した者はいない。

補足 2： 自然数 N に対して $\gamma_N = 1 + \frac{1}{2} + \cdots + \frac{1}{N} - \log N$ とおく。直ちにわかるように、自然数 n に対して

$$\frac{1}{n+1} < \int_n^{n+1} \frac{dx}{x} < \frac{1}{n} \qquad \therefore \qquad \sum_{n=2}^{N} \frac{1}{n} < \int_1^N \frac{dx}{x} = \log N < \sum_{n=1}^{N-1} \frac{1}{n}.$$

これは $\frac{1}{N} < \gamma_N < 1$ を意味する。次に、

$$\gamma_{n+1} - \gamma_n = \frac{1}{n+1} + \log \frac{n}{n+1} = \frac{1}{n+1} + \log\left(1 - \frac{1}{n+1}\right).$$

$0 < x \leq 1/2$ において $-x^2 < \log(1-x) + x < 0$ が成り立つから、$-\frac{1}{(n+1)^2} < \gamma_{n+1} - \gamma_n < 0$. これは $\sum_n (\gamma_{n+1} - \gamma_n)$ が絶対収束することを意味する。すなわち、$\lim_{N\to\infty} \gamma_N$ が存在する。極限は $0 \leq \lim_{N\to\infty} \gamma_N \leq 1$ である。

$y = 1/x$ が凸関数であることを用いると $\int_n^{n+1} \frac{dx}{x} < \frac{1}{2}\left(\frac{1}{n} + \frac{1}{n+1}\right)$ であることがわかる（あるいはグラフを描いてみれば自明にわかる）。これを用いると

$$\int_1^N \frac{dx}{x} < \frac{1}{2} + \frac{1}{2} + \frac{1}{3} + \cdots + \frac{1}{N-1} + \frac{1}{2N} = 1 + \frac{1}{2} + \cdots + \frac{1}{N} - \frac{1}{2} - \frac{1}{2N}.$$

これは $\frac{1}{2} + \frac{1}{2N} < \gamma_N$ を意味する。したがって、$1/2 \leq \gamma$ である。

問題

問題 5–4–1： 式 (5.14) を台形公式を使って計算せよ。被積分関数 $f(x) = -x\exp(x - \exp(x))$ を描いてみると図 5.7 となる。ある程度絶対値が大きな x について $f(x)$ はほぼゼロであるとしてよい。その値が 10^{-15} 程度であれば無視できるとする。$a < 0 < b$ で $f(a)$ も $f(b)$ もその絶対値が 10^{-15} よりも小さいものを選ぶ。そして、$\int_a^b f(x)dx$ を台形公式を使って近似する。つまり、自然数 M をうまくとって、$h = (b-a)/M$ とし、

$$\int_a^b f(x)dx \approx h \sum_{n=0}^{M-1} f(a + nh)$$

によって近似値を計算するのである。

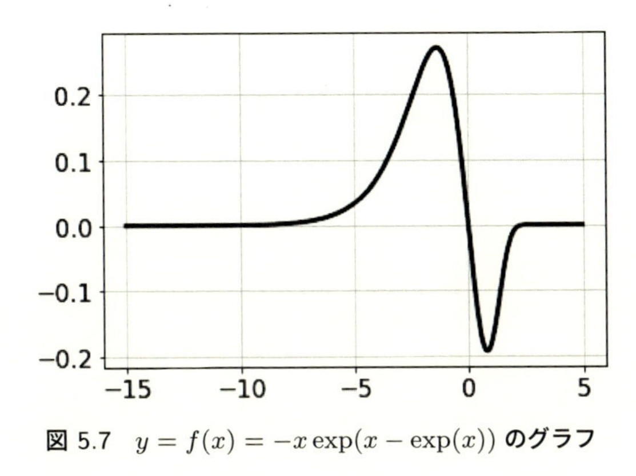

図 5.7　$y = f(x) = -x\exp(x - \exp(x))$ のグラフ

問題 5–4–2： 実数 x の小数部分を $\{x\}$ で表す。Havil[45] によれば、$\displaystyle\int_1^\infty \frac{\{x\}}{x^2}dx = 1 - \gamma$ である。これを確認せよ。

第6章

さらなる応用

素数の不思議を体験してみよう。また、乱数や数式処理などを使って、数理科学の問題を解いてみる。一方で、江戸時代の天才的な和算家が考えた問題にも挑戦してみよう。

6.1　素数定理

ガウスとルジャンドルによる素数の分布に関する法則を計算で確かめることを目標とする。

$$\mathrm{Li}(x) = \int_2^x \frac{dx}{\log x}$$

で関数 Li を定義する。Li は、対数積分 (logarithmic integral) の頭文字からとっている。

素数の処理に優れたプログラムはたくさんフリーで提供されている。そういったものを使えば速いけれども、ブラックボックスとしてのプログラムを使っているだけではプログラミングの意味はわかってこない。本節と次節では、どんくさいプログラムでもよいから自分で書くことによってプログラミングのアイデアをつかむことを目標とする。素数の研究が目的ではなく、それはあくまで材料でしかない。

6.1.1　素数定理

素数定理はガウス (1777–1855) とルジャンドル (1752–1833) が発見したものである。彼らはその証明はできなかったが、正しいことは確信していた。それが証明されたのは彼らの死後何十年もたってからであった。複素平面におけるゼータ関数を使うというリーマン (1826–1866) のアイデアに基づいて、1896 年にド・ラ・ヴァレー・プーサンとアダマールが独立に証明した。

定義： $0 < x$ とする。x 以下の素数全体の個数を $\pi(x)$ と表す。
π は円周率と何の関係もないけれども、慣例でこうなっているので使うことにする。

$$\pi(1) = 0, \quad \pi(2) = 1, \quad \pi(3) = 2, \quad \pi(4) = 2, \quad \pi(5) = 3, \quad \pi(5.3) = 3, \qquad \cdots.$$

定理 (素数定理)**：**

$$\lim_{x\to\infty} \frac{\pi(x)}{\mathrm{Li}(x)} = 1. \tag{6.1}$$

この定理を証明するには相当な準備が必要である。本書では証明はしない。素数定理を $\lim_{x\to\infty}\bigl(\pi(x) - \mathrm{Li}(x)\bigr) = 0$ だと勘違いする人がいる。そうではない。これは大きくなる。誤差そのものが小さくなるのではなく、相対誤差が小さくなるのである。

$$\lim_{x\to\infty} \frac{\pi(x) - \mathrm{Li}(x)}{\pi(x)} = 0. \tag{6.2}$$

これは式 (6.1) と同値である。

素数定理が正しいことをコンピュータで確認するためには、与えられた x に対して $\pi(x)$ が計算できねばならない。ところが、これがそんなに易しいことではないのである。ある自然数が与えられたときそれが素数かそれとも合成数かを判定する簡単で速い方法があればよいのだが、実は、判定法は、一般に難しい。これを使えば大丈夫というものはない。一番原始的な方法はエラトステネス[1]の篩[2]であるが、これが一番使いやすい方法でもある。そこでまずはエラトステネス

1　エラトステネスは古代ギリシャの数学者で、276BC?−195BC?ごろの人であると言われている。アルキメデスよりもちょっとだけ若く、アポロニウスよりもちょっとだけ年長である。観測に基づいて初めて地球の直径を測定した人物としても有名である。

2　篩（ふるい）とは大きな粒のものと細かい粒のものを分ける道具で、料理でも日曜大工でも使われる。

の篩について解説する。彼の方法では篩にかけるようにして合成数を少しずつ削除してゆく。

例で説明しよう。いま、60 までの自然数を表にする。表 6.1 を見よ。

表 6.1 60 までのすべての自然数

1	2	3	4	5	6	7	8	9	10
11	12	13	14	15	16	17	18	19	20
21	22	23	24	25	26	27	28	29	30
31	32	33	34	35	36	37	38	39	40
41	42	43	44	45	46	47	48	49	50
51	52	53	54	55	56	57	58	59	60

1 は素数でないからのぞき、2 は素数だから残して、それ以外の 2 の倍数をすべて削除すると表 6.2（左）を得る。次に、3 は素数であるから残して、それ以外の 3 の倍数を削除すると、表 6.2（右）を得る。次に、5 は素数であるから残して、それ以外の 5 の倍数を削除すると、表 6.3（左）を得る。次に、7 は素数であるから残して、それ以外の 7 の倍数を削除すると、表 6.3（右）を得る。

表 6.2 2 以外の 2 の倍数を除く（左）、3 以外の 3 の倍数を除く（右）

2	3	5	7	9
11	13	15	17	19
21	23	25	27	29
31	33	35	37	39
41	43	45	47	49
51	53	55	57	59

2	3	5	7	
11	13		17	19
	23	25		29
31		35	37	
41	43		47	49
	53	55		59

表 6.3 5 以外の 5 の倍数を除く (左)、7 以外の 7 の倍数を除く（右）

2	3	5	7	
11	13		17	19
	23			29
31			37	
41	43		47	49
	53			59

2	3	5	7	
11	13		17	19
	23			29
31			37	
41	43		47	
	53			59

ここに残った数が素数である。なぜ 7 までで終えてよいかはすぐわかる。合成数 x の素因数分解を行って、$x = p_1 p_2 \cdots p_n$ とする。p_j の中には同じものがあるかもしれないが、それは気にしない。p_j のうちで最も小さなものを p とすれば、$p^n \leq x$ である。合成数だから n は 2 以上である。よって、$p^2 \leq x$ でなくてはならない。したがって、合成数 x の最小の素因数は $\sqrt{x}$ の整数部分以下の数である。つまり、$\lfloor \sqrt{x} \rfloor$ 以下のすべての素数で割りきれなかったら x は素数である。$\sqrt{60} \approx 7.74 \cdots$ であるから 7 の倍数まで削れば十分である。11 の倍数はあるかもしれないが、11 の倍数を考える前に、それより小さい素数の倍数としてすでに削られている

($22 = 2 \times 11$ を見よ)。

一般の場合も同様で、x までの自然数を並べ、$\lfloor\sqrt{x}\rfloor$ までの素数の倍数を、素数自体は残してすべて削除すると、残った数が素数である。

10 以下の素数は $2, 3, 5, 7$ である。これを使えば 100 以下の素数が列挙できる。100 以下の素数がわかれば 10000 以下の素数が列挙できる。以下同様に進めれば素数の集合が順次決定されるから、これで素数の判定ができる。

確かにコンピュータのプログラムにすることは可能であるが、やってみるとわかるように、決して高速に判定できるわけではない。特に巨大な数だと、素数かどうかを判定するにはものすごい時間がかかる。もっとよい方法はないものかと誰でも思うようになる。しかし、エラトステネスの篩を改良する方法はいくつも知られているが、根本的に速くなるわけではないようだ。したがって、**素数かどうか判定するには時間がかかる**というのが現代の常識であろう[3]。

ただし、近未来もそうかというとそうとは言えない。昨今もてはやされている量子コンピュータが実用化されれば、素数判定が劇的に速くなる可能性がある。これは 20 年以上も前に可能性を指摘されていたものであるが、今になってもできているわけではない。あくまでも可能性なのである。しかし、今から 20 年後はどうなっているかわからない。

まず、素数を列挙することから始めよう。次のプログラムで 100 以下の素数が列挙されることを理解せよ。

```
x = [2,3,5,7]
for j in range(1,50):
    i = 2*j+1
    if i % 3 >0:
        if i % 5 > 0:
            if i % 7 > 0:
                x.append(i)
print(x)
-----------------------------------------------
[ 2.  3.  5.  7. 11. 13. 17. 19. 23. 29. 31. 37. 41. 43. 47. 53. 59. 61.
 67. 71. 73. 79. 83. 89. 97.]
```

初めに $[2, 3, 5, 7]$ という長さ 4 の配列を用意する、その後エラトステネスの篩を使って素数が見つかったら、append を使って、配列の長さを一つ増やし、見つかった素数を新たに入れる。古いコンピュータ言語だと配列の長さは初めに指定しなくてはならないが、Python では長さを動的に増やすことができる。これは便利である。

6.1.2　ガウスの表

$p(x) = \dfrac{x}{\log x}$ とおく。

$$\lim_{x \to \infty} \frac{p(x)}{\mathrm{Li}(x)} = 1 \tag{6.3}$$

3　著者たちは素数判定法の専門的知識を持ち合わせていないので、役立ちそうな最新の文献を提供することができない。ただ、文献 [56] は読みやすく書かれていて、教育上の参考になるかもしれない。エラトステネスの篩とは根本的に異なるアイデアに基づいて素数判定を行うアルゴリズムが 1980 年代以降、いろいろと発見されているようである。特に、確率論を使った方法など興味のあるものも現れている。いずれの方法も高度な数学を必要とし、プログラミングも初心者ができるようなものではなので、ここでは述べない。

であるから、素数定理とは

$$\lim_{x\to\infty}\frac{\pi(x)}{p(x)}=1 \tag{6.4}$$

だと言っても同じことである（式 (6.3) の証明は難しいものではないが、本来の目的からずれるので本節末に記す)。ただ、(6.1) と (6.4) とどっちが早く収束するかは別の問題である。

表 6.4　ガウスの表

x	$\pi(x)$	$\mathrm{Li}(x)$	差	$x/\log x$
500,000	41,556	41,606.4	50.4	38,102.89
1,000,000	78,501	79,627.5	126.5	72,382.40
1,500,000	114,112	114,263.1	151.1	10,5477.99
2,000,000	148,883	149,054.8	171.8	137,848.70
2,500,000	183,016	183,245.0	229.0	169,700.90
3,000,000	216,745	216,970.6	225.6	201,151.60

さて、ガウスが得た数値の一部を、ガウス全集第 II 巻 [36] の 445 ページから引用したものを表 6.4 に記す（このうち最後の 1 列だけは全集にはなく、著者らが付け加えたものである)。同じく収束すると言っても、$\mathrm{Li}(x)$ の方が $x/\log x$ よりもよい。すなわち $x/\log x$ よりも $\mathrm{Li}(x)$ の方が真の値に近い。そこで問題である。

疑問：ガウスの表はどれくらい正確か？

6.1.3　Li の計算

関数 $\mathrm{Li}(x)$ は定積分で計算する。scipy の integrate を使って計算してみよう。まずは、

```
import numpy as np
from scipy import integrate
```

とやっておく。そして、

```
f = lambda x : 1/np.log(x)
integrate.quad(f,2,1000)
```

各自計算して見よ。これで $\mathrm{Li}(1000)\approx 176.56$ であることが了解できる。1000 以下の素数の個数は 168 個である（次節参照）から、8 強の誤差がある。これに対して $1000/\log 1000\approx 144.76\cdots$ であるから、こっちの方が誤差は大きい。

$\mathrm{Li}(10000)$ も同様にして計算できる。しかし、x を大きくしてゆくと $\mathrm{Li}(x)$ の積分の誤差の見積もりがだんだんと大きくなることがわかる。だが、$\mathrm{Li}(3\times 10^6)$ でも誤差は 0.0003288 程度であるから、300 万以下の値については integrate.quad で計算して問題はなかろう。

```
f = lambda x : 1/np.log(x)
integrate.quad(f,2,500000)
-----------------------------------------
(41605.24362265252, 7.3698610238786105e-06)
```

これが結果である。ガウスの表では 41606.4 となっているから、1 程度のずれがある。しかし、ガウスは手で計算したわけだから、十分に頑張っているということもできる。あまりガウスを非難すべきではなかろう。

以下に、式 (6.3) の証明を示す。

部分積分すると、

$$\mathrm{Li}(x) = \int_2^x (y)' \frac{dy}{\log y} = \frac{x}{\log x} - \frac{2}{\log 2} + \int_2^x y \times \frac{1}{(\log y)^2}\frac{dy}{y} = \frac{x}{\log x} - \frac{2}{\log 2} + \int_2^x \frac{dy}{(\log y)^2}.$$

したがって、

$$\lim_{x\to\infty} \frac{\log x}{x} \int_2^x \frac{dy}{(\log y)^2} = 0$$

を証明したらよい。積分の区間を $2 \le y \le \sqrt{x}$ と $\sqrt{x} \le y \le x$ に分けて、被積分関数が単調減少であることを使う。

$$\frac{\log x}{x} \int_2^{\sqrt{x}} \frac{dy}{(\log y)^2} \le \frac{\log x}{x} \times (\sqrt{x} - 2) \times \frac{1}{(\log 2)^2} \to 0$$

である。一方、

$$\frac{\log x}{x} \int_{\sqrt{x}}^x \frac{dy}{(\log y)^2} \le \frac{\log x}{x} \times (x - \sqrt{x}) \times \frac{4}{(\log x)^2} \to 0.$$

■

問題

問題 6–1–1： $\mathrm{Li}(10^6)$ を数値計算せよ。

問題 6–1–2： $31, 331, 3331, 33331, 333331, 3333331$ はすべて素数であることを確かめよ。3 がずっと続いて最後に 1 となる自然数はすべて素数か？（この問題は文献 [41] から引用した。）

$51, 551, 5551$ は皆合成数である。5 がずっと続いて最後に 1 となる自然数はすべて合成数か？

問題 6–1–3： n を 3 以上の自然数とする。$n! - (n-1)! + (n-2)! - (n-3)! + \cdots \pm 1!$ は素数か？ $n = 3$ のときは $3! - 2! + 1! = 5$. $n = 4$ のときは $4! - 3! + 2! - 1! = 19$. $n = 5$ のときは $5! - 4! + 3! - 2! + 1! = 101$. これらは皆素数である。もっと大きな n でも常に素数か？（文献 [41]）

問題 6–1–4： p を素数とし、$q = 2 \times 3 \times 5 \times \cdots \times p + 1$ とおく。つまり、p 以下の素数を全部掛け合わせて、1 を加える。このとき q は必ずしも素数とは限らないことを確かめよ。

問題 6–1–5： 100 万と 1000 万の間にある素数の個数を見積もれ。

6.2　素数定理その 2

ガウスによる素数定理を引き続き考察する。計算方法は先端的なものは使わず、初等的なものにとどめてある。numpy を忘れずに。また、描画では import matplotlib.pyplot as plt も必要である。

6.2.1 $\pi(x)$ の計算

nを自然数とする。$\pi(n)$を計算するには$\pi(n-1)$を計算し、nが素数ならば$\pi(n) = \pi(n-1)+1$ そうでないならば $\pi(n) = \pi(n-1)$ とすればよい。そこで、$f(n) = 1$ (n が素数), $f(n) = 0$ (n は素数でない) という関数を定義すると、$\pi(n) = \pi(n-1) + f(n)$ となる。したがって、この関数 f を定義することを考える。

すでに前章で述べたように、素数の判定は簡単ではない。そこで、どんくさくても構わないから確実に動くプログラムを書いてみよう。エラトステネスの篩を実行する。

```
import numpy as np
def f(x):
    if x < 2:
        return(0)
    else:
        if x == 2:
            return(1)
        else:
            m = int(np.sqrt(x))+1 ; y = 1
            for i in range(2,m+1):
                if x % i ==0:
                    y = 0 ; break
            return(y)
```

こういうプログラムだとあまり大きな x については $f(x)$ の計算に時間がかかりすぎる。実際、下から 4 行目の for loop については、すべての自然数 $2 \leq i \leq m$ ではなく、この範囲のすべての素数について実行すれば十分である。素数からなる数列 $2, 3, 5, 7, 11, \cdots$ があらかじめ計算されていれば、それを使うことによってさらに速くなる。しかし、ここでは効率を求めることはしないでおこう。

どんくさいプログラムであるが、100 万程度であれば実行可能である。たとえば、

```
f(53506729)
------------------------------
1
```

などは一瞬で答が返ってくる。先週も述べたように素数の判定には時間がかかる。これは大きな数について言えることで、100 万や 1000 万などはこの世界では小さな数なのである。

さて、これを使って関数 π を定義しよう。関数の名前に pi は使わないように。多くの言語では pi は円周率の数値として用いられているので、pi は円周率以外のために使うべきではない。ここでは pc としておく。pc は prime counting の頭文字である。まず再帰的に定義する。

```
def pc(x):
    if x== 1:
        return(0)
    else:
        return( f(x) + pc(x -1) )
```

これが「再帰的定義」であるというのはこういうことである。$pc(x)$ を計算しようとすると、

$f(x)$ が必要になる。これはすでに上で定義されているのでその定義を読み込んで実行する。そうすると次は $pc(x-1)$ を計算せねばならない。そうするとこの定義を $x \mapsto x-1$ として再度読み込まねばならない。これを実行すると次は $x-2$ でこの定義を実行せねばならない。$\cdots$ そうしていつかは $pc(1)$ にたどり着くが、これは定義によって 0 という値をとる。ここで定義が完了する。

グラフを描いてみると図 6.1 のようになる。素数が現れると 1 の跳びが現れ、合成数のところでは平坦となる。平坦なところが結構長く続くこともある。

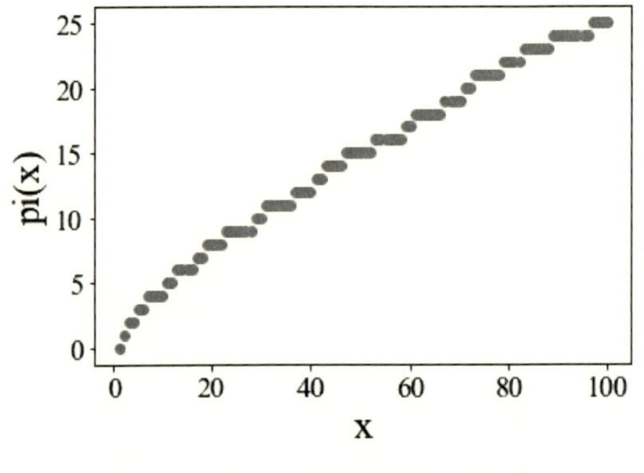

図 6.1　$x \leq 100$ における $\pi(x)$ の値

$x \leq 1000$ で $pc(x)$ を描くと図 6.2（左）となる。ギザギザがなんとなく弱まってきた気がする。

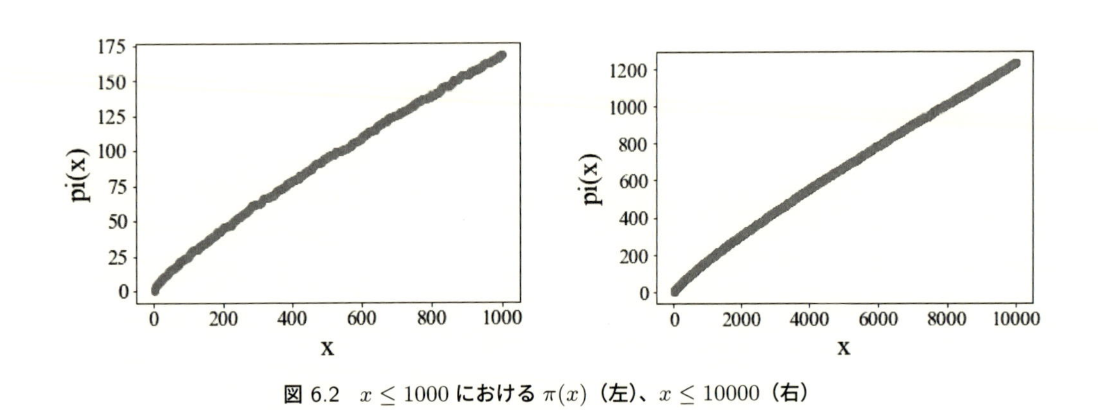

図 6.2　$x \leq 1000$ における $\pi(x)$（左）、$x \leq 10000$（右）

$x \leq 10000$ で $pc(x)$ を描くとさらに滑らかな関数に近づいてゆくように見えてくる。ただ、この方法で $pc(x)$ を定義すると, 再帰呼び出しが多すぎるために怒られてしまう。上の $pc(x)$ はあまり大きな x について使ってはならないということになる。

ではどうするか？　次のように正直に定義する。

```
def  pp(x):
    y = 0
    for i in range(2,x+1):
        y = y + f(i)
    return(y)
pp(10000)
----------------------------------------
1229
```

ということで、1 万以下の素数は 1229 個あることがわかる。

```
x = np.arange(10000) + 1 ; y = np.zeros(10000)
for i in range(10000):
    y[i] = pp(i+1)
plt.plot(x,y,marker='o', linestyle='none')
```

とすると図 6.2（右）を得る。この計算は数分かかる。何回も何回もループを実行しているからである。遅い CPU では 10 分以上かかるかもしれない。

$1 \leq x \leq 10000$ について $pp(x)$ をプロットすると図 6.2（右）を得る。なんとなく連続な関数に近づいていることがわかる。すべての自然数の中で素数がどういうふうに分布しているか、よくわかっていないことが多い。双子素数という、2 だけ離れた素数（3 と 5、あるいは 11 と 13 など）があるかと思えば、任意の自然数 N に対して $x, x+1, x+2, \cdots, x+N$ という合成数が N 個続くこともある。素数定理は数論と解析学に共通する著しい結果である。

さて、$pp(500000)$ を計算させると

```
pp(500000)
---------------------
41538
```

となる。数秒で結果は出る。ガウスの結果は $41,556$ であるから、少しずれている。$pp(1000000)$ を計算させると 78498 である。ガウスの結果は $78,501$ である。ガウスも人の子であるということであろう。

以上の計算を各自で確認せよ。

補足：前節の表 6.4 を見ると、$\mathrm{Li}(x)$ と $\pi(x)$ を比べると常に $\mathrm{Li}(x) > \pi(x)$ が成り立っていることが見て取れる。したがって、すべての x について $\mathrm{Li}(x) > \pi(x)$ と予想したくなるのは人情であろう。しかし、英国の数学者リトルウッド[4]はそうではないことを証明した。x を大きくしていったとき、$\mathrm{Li}(x) > \pi(x)$ と $\mathrm{Li}(x) < \pi(x)$ がどちらも無限に多く起きることが証明されている。$\mathrm{Li}(x) \leq \pi(x)$ となる最初の x はとても大きい数であることがわかっているだけで、具体的にどこなのかはわかっていない。

素数の分布については様々なことが予想されている。ミステリー山盛りであるが、それはここには書けない。素数はとても魅力的なものであるので、素数に関する様々な本が出版されてい

4　John Edensor Littlewood, 1885–1977.

る。ここでは文献 [28] をあげておく。また、[22] で解説されている素数定理の物語は読みやすいものであるので、ここで紹介させていただく。

命題 A： 任意の自然数 N に対してある自然数 x が存在して、$x, x+1, x+2, \cdots, x+N$ は皆合成数となる。

証明は簡単である。本節末に記すが、まずは自分で考えてみてほしい。

注意 1： チェビシェフ[5]の θ 関数を計算するのもよい練習となろう。

$$\theta(x) = \sum_{p:\mathrm{prime} \leq x} \log p \qquad (x \text{ 以下の素数に関する和}).$$

たとえば、$\theta(2) = \log 2, \quad \theta(10) = \log(2 \cdot 3 \cdot 5 \cdot 7)$. 素数定理は $\theta(x) \sim x \qquad (x \to \infty)$ と同値であることが知られている。f を上で定義された関数とし、

```
def  the(x):
    y = 0
    for i in range(2,x+1):
        y = y + f(i)*np.log(i)
    return(y)
```

と定義して、

```
n=2000; x = np.arange(n) + 1 ; y = np.zeros(n)
for i in range(n):
    y[i] = the(i+1)/(i+1)
plt.xlabel('x',fontsize=24,fontfamily='Times new Roman')
plt.ylabel('theta(x)/x',fontsize=24,fontfamily='Times new Roman')
plt.xticks(fontsize=14)
plt.yticks(fontsize=14)
plt.plot(x,y,marker='o', linestyle='none')
```

とすれば図 6.3 を得る。1 への収束はなんとなくわかるが、$y[1999] = 0.969919\cdots$ なので、収束は遅い。

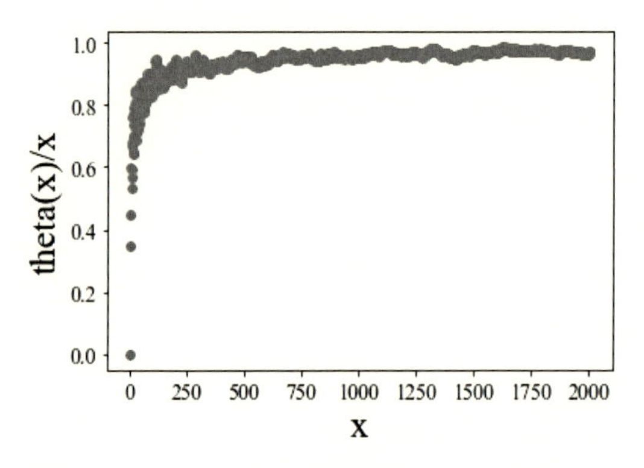

図 6.3　$1 \leq x \leq 2000$ における $\theta(x)/x$ のプロット

5　5.3 節 補間理論のところで出てきたチェビシェフと同じ人物である。

注意 2： 1 から 100 までの素数を列挙してそれを一つの配列にセーブする、ということができれば、それを使って、素数判定が早くなる。こうしたときに、Python の append が便利になる。上にあげた関数 $f(x)$ を使うと、次のようになる。

```
x = [2,3]
for i in range(2,50):
    if f(2*i+1) == 1:
        x.append(2*i+1)
print(x)
------------------------------------------
[2, 3, 5, 7, 11, 13, 17, 19, 23, 29, 31, 37, 41, 43, 47,
53, 59, 61, 67, 71, 73, 79, 83, 89, 97]
```

こうすることによって、次々と素数を配列に加えることができる。したがって、あらかじめ何個あるかを知っている必要はない。

命題 A の証明： $x = (N+2)! + 2$ ととればよい。

■

問題

問題 6–2–1： 上で定義した関数 pc が $pc(100) = 25$ を満たすことを確認せよ。

問題 6–2–2： 図 6.1 を描け。

問題 6–2–3： 100 以下の素数の中で双子素数は何組あるか？

6.3 乱数を使った数値実験

本節では乱数を使って模擬実験を行ってみよう。numpy は使えるようにしてから以下に進むように。また、import matplotlib.pyplot as plt も使う。

6.3.1 乱数生成の復習

たいていのコンピュータ言語には乱数を生成する関数が備わっている。Python でも random というモジュールがあるのでそれを使ってみる。以下、第 3 章と重複するが、重複を恐れずに記す。

```
import random as rand
```

としてから、

```
rand.random()
```

とすると、$[0, 1]$ 区間内の一様乱数が出力される。

```
rand.uniform(a,b)
```

とすると $[a, b]$ 内に一様分布する乱数を一つ返してくる。他にも正規分布する乱数を生成する関数も備わっている。

以上はある範囲に分布する浮動小数の乱数であった。問題によっては整数をランダムに選ばねばならぬこともある。

```
rand.randint(3,8)
```

とすると、3 以上 8 以下の整数をランダムに出力してくる。

```
rand.randrange(5,13)
```

とすると、5 以上 13 未満の数をランダムに返してくる。rand.randint(a, b) と rand.randrange$(a, b+1)$ は同じ機能のようである。

ある範囲にある整数から s 個の自然数をランダムに選ぶには、sample あるいは np.random.randint を用いるとよい（後者は Numpy を np として使っている）。たとえば、0 から 99 までの自然数の中から 4 個無作為に選ぶには、次のようにする。

```
y = np.random.randint(100,size=4) ; print(y) ; print(y[1])
```

コイントスを 24 回やるには

```
np.random.randint(2,size=24)
```

を実行すればよい。0 が 4 回くらい続くのは決して不思議なことではない。むしろ、0, 1, 0, 1 などと出ることはまれである。

6.3.2　投票の問題

これは Nahin による（文献 [59]）問題である。

ある議会で法案の投票が行われる。法案に賛成 (for) なのは f 人、法案に反対 (against) なのは a 人とせよ。すべての議員はどっちかに属しており、日和見をする議員はいないとせよ。ただし、急な病気や交通事故などで、投票できない議員も出てくる。過半数で法案は成立するものとする。したがって、病欠などがないとき、$a < f$ ならば法案は成立する。しかし、u 人の議員が様々な理由により投票できなく (unable to vote) なれば、$a + f - u$ 人の中の過半数で法案は成立する。投票できなくなるのは反対派・賛成派どちらから出てくるか、これはランダムに選ばれるとせよ。以上の設定のもとで、a, f, u を与えて、法案が成立する確率をシミュレーションせよ。

この問題では、$a + f = 100$ とせよ。そして $[0, 1, 2, \cdots, 99]$ から任意に u 個を選んで、その中に $a - 1$ 以下のものが j 個あれば、$a - j$ 人が反対、$f - (u - j)$ 人が賛成となる、というルールで一つのコンピュータ実験ができる。

```
a = 49 ; f = 51 ; u = 4
y = np.random.randint(100,size=u)
j = 0
for i in range(u):
    if y[i] < a:
```

```
        j = j + 1
print(a-j) ; print(f - (u-j))
```

とやってみると、法案が成立することが多いが、48,48 となって過半数に達せず、成立しないこともある。後はこの計算を何度も行って、平均を取れば成立の確率が推定できる。

```
a = 49 ; f = 51 ; u = 4
m = 3000 ; w = 0
for k in range(m):
    y = np.random.randint(100,size=u)
    j = 0
    for i in range(u):
        if y[i] < a:
            j = j + 1
    if a-j < f - (u-j):
        w = w+1
print(w/m)
```

m を変えて実験すれば、法案が成立する確率は 0.6 から 0.7 の間にありそうだということがわかる。

プログラムが正しいかどうか自信が持てないときは、いくつかの簡単な場合に正しい答を出すかどうかをチェックすることを試みよ。たとえば $a = 49, f = 51, u = 1$ の場合は確実に法案は成立する。$a = 49, f = 51, u = 2$ の場合は、成立しないのは、投票できないのが二人とも賛成派である場合である。その確率は

$$\frac{51}{100} \times \frac{50}{99} = 0.257575\cdots$$

である。だから 0.75 からかけ離れた値が出てきたらプログラムにバグがあるということになる。

6.3.3 分子の混合・拡散

2 種類の異なる分子が壁で隔てられている。隔壁を取り去ったとき、どういうふうに分子は拡散してゆくであろうか？　これは実はそれほど単純な現象ではない。巨大な数の分子の一つ一つの運動をすべて追跡することは不可能である。そこで、いろんな数学的なモデルを立てて、その拡散現象を近似することが要求される。ここでは超単純なエーレンフェストのモデルを考えることにする。これのよい点は、偏微分方程式などの高級なものを使う必要がないことである。

二つの箱（X と Y とする）のそれぞれに N 個の分子が入っているものとする。X には同じ種類の分子が入っており、これを 0 と名づける。Y には別の分子が入っており、これを 1 と名づける。この段階で X には 0 しか入っておらず、Y には 1 しか入っていない（図 6.4 参照）。そこで、X から 1 個をランダムに取り出し、Y から 1 個をランダムに取り出し、両者を入れ替える。次のステップでも X からランダムに取り出した分子と Y からランダムに取り出した分子を入れ替える。これを何回も何回も繰り返してゆくとどうなるであろうか。これがエーレンフェストの拡散のモデルである。

Python で次のように実装してみる。0 のみからなる長さ N の配列 x と 1 のみからなる長さ N の配列 y をとる。0 以上で $N-1$ 以下の整数をランダムに選び、n とする。もう一つ 0 以上で $N-1$ 以下の整数をランダムに選び、n' とする。そして $x(n)$ の値と $y(n')$ の値を交換する。

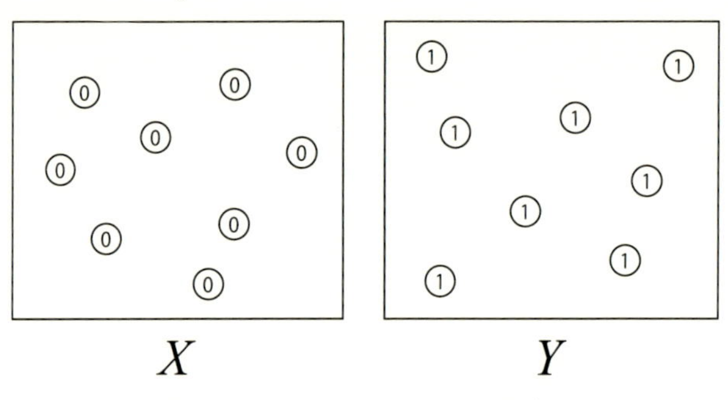

図 6.4　時刻 $t = 0$ における分子の分布

この操作を M 回繰り返したときに、X の箱には $x[0] + x[1] + \cdots + x[N-1]$ 個の 1 の分子が入っており、Y の箱には $y[0] + y[1] + \cdots + y[N-1]$ 個の 1 の分子が入っている。何度も何度も入れ替えを行うとどちらの箱にもだいたい $N/2$ 個の分子 1 が入っているであろう。

分子の個数を $N = 500$ とし、$M = 1000$ として、i 番目の入れ替えの後に箱 X の中にある分子 1 の個数 $s(i)$　$(0 \leq i \leq M)$ を計算してみよう。

```
n = 500 ; m = 1001 ; x = np.zeros(n)
y = np.ones(n) ; s = np.zeros(m)
for i in range(m):
    j = rand.randint(0,n-1) ; k = rand.randint(0,n-1)
    x[j], y[k] = y[k],x[j]
    s[i]=sum(x)
plt.xlabel('i',fontsize=24,fontfamily='Times New Roman')
plt.ylabel('s(i)',fontsize=24,fontfamily='Times New Roman')
plt.plot(s,linewidth=2)
plt.grid()
```

で計算できる。図 6.5 のようになる。確かに個数は 250 に近づいているが、近づき方はかなりゆっくりである。$M = 2000$ のときを見てみればわかるように、250 を超えることもある。

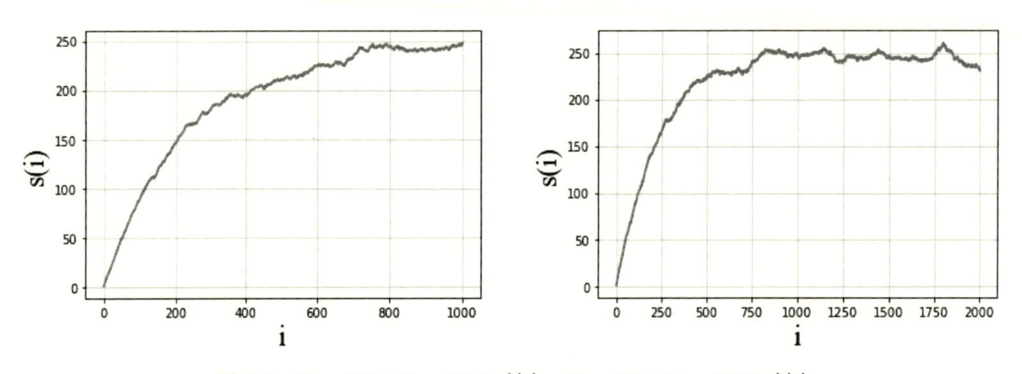

図 6.5　$N = 500, M = 1000$（左）、$N = 500, M = 2000$（右）

乱数を用いているのだから当然であるが、M を大きくしても個数は $N/2$ の付近をふらふらとして $N/2$ に収束することはない。しかし、そのふらふらを平均すれば $N/2$ になることがわかる。また、乱数を使っているので、図 6.5 と同じものは描かれない。よく似たものが描かれるだけである。

問題

問題 6–3–1： 投票の問題で、法案が成立する確率は u に依存するが、その依存の仕方は単純ではないことを確かめよ。

問題 6–3–2： エーレンフェストの問題で M をもっと大きくしてみよ。たとえば、$(N, M) = (500, 1000)$ と $(N, M) = (500, 5000)$ を比較してみよ。N を大きくすると、$N/2$ に近づくためにより多くのステップが必要となることを確認せよ。

問題 6–3–3： エーレンフェストの問題で、N は偶数であるとする。分子の交換を繰り返していって、分子 0 の個数が X でも Y でもちょうど $N/2$ になるときまでに交換した回数を W とする。W の平均を求めるプログラムを書け。

6.4　多変数関数のニュートン法

2.3 節ではニュートン法を学んだ。しかし、そこでは 1 変数関数のゼロ点を求めただけであった。ここでは多変数関数への適用を考える。つまり、連立非線形方程式系を考える。本節でも import numpy as np と import matplotlib.pyplot as plt を使う。

6.4.1　ニュートン法の復習

関数 f のゼロ点を求めるために、

$$x_{n+1} = x_n - \frac{f(x_n)}{f'(x_n)}$$

で数列 $\{x_n\}$ を定義する。これはゼロ点、すなわち $f(\xi) = 0$ となる ξ、に高速に収束してゆく、というのがニュートン法である。ただし、x_0 を下手に選ぶとけがをする。

もう一つ注意せねばならないのは、どこかで $f'(x_n) = 0$ になったらそれ以上は進めず、そこで立ち往生するしかないことである。**たとえ $f'(x_n) \neq 0$ であっても、それが非常に小さな数だと**、その逆数が掛けられているので、誤差が拡大してしまうことがあり、思ったほど収束は速くないということもある。

和田 寧の問題

まずは 1 変数問題の復習から始める。和田 寧（わだ やすし、1787–1840）[6]は江戸時代の和算家である。極めて独創的で、様々な定積分を和算の伝統の中で発見していた。彼の考えた問題に次の最大値問題がある。

与えられた長さの線分 AB を斜辺に持つ直角三角形を考える。点 A, B は与えられているが、

6　芝の増上寺の寺侍をしていたという。

点 C は $\angle C$ が直角であるという条件下で動くものとする（C は AB を直径とする円周上にあると言っても同じことである)。したがって、このような直角三角形は無数にある。図 6.6（左）のように A を中心とする円弧 $\overset{\frown}{CD}$ を描くとき（$AC = AD$)、この円弧の長さを最大にするには C をどうとればよいか？ これが和田の問題である。

AB の長さを 1 とし、$\angle CAD = \theta$ とすれば、$AC = \cos\theta$ であるから、円弧 $\overset{\frown}{CD}$ の長さは $\theta\cos\theta$ である。これを $0 < \theta < \pi/2$ で最大にすればよい。図 6.6（右）からわかるように、関数は 0.8 を少し越えたあたりで最大値をとる。より詳しい値はニュートン法を使う。$f(x) = x\cos x$ とおけば、$f'(x) = \cos x - x\sin x$. この $f'(x)$ のゼロ点を計算すればよい。

```
x = 0.8
for i in range(6):
    x = x - (np.cos(x)-x*np.sin(x))/(-2*np.sin(x)-x*np.cos(x))
```

$x = 0.8603335890193797$ となる。ラジアンでなく度数でいうと、約 49.29 度である。

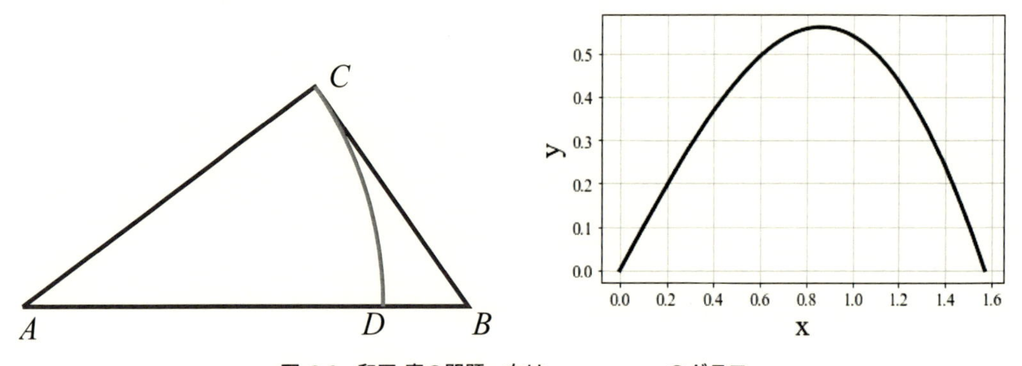

図 6.6　和田 寧の問題、右は $y = x\cos x$ のグラフ

6.4.2　連立方程式

連立方程式の根はどうするか？ たとえば平面の中の曲線 $f(x,y) = 0$ ともう一つの曲線 $g(x,y) = 0$ の交点は

$$f(x,y) = g(x,y) = 0$$

を満たす (x,y) として決まる。これを正確に計算するにはどうすればよいか。これには多次元のニュートン法を用いる。

$$\begin{pmatrix} x_{n+1} \\ y_{n+1} \end{pmatrix} = \begin{pmatrix} x_n \\ y_n \end{pmatrix} - \begin{pmatrix} f_x(x_n,y_n) & f_y(x_n,y_n) \\ g_x(x_n,y_n) & g_y(x_n,y_n) \end{pmatrix}^{-1} \begin{pmatrix} f(x_n,y_n) \\ g(x_n,y_n) \end{pmatrix}. \tag{6.5}$$

ここで f_x などは偏導関数を表す。これを Python で実行するにはどうしたらよいか？

例題：円 $(x-1)^2+(y-1)^2=1$ と楕円 $x^2+2y^2=4$ の交点を求める。図 6.7 のような配置になる。これは x, y のどちらかを消去して 1 変数の問題に帰着させることもできる。たとえば、x を消去すれば y の 4 次方程式を得る。そうやっても解けるが、ここでは 2 変数の問題とみて計算してみよう。

$$f(x,y)=(x-1)^2+(y-1)^2-1, \qquad g(x,y)=x^2+2y^2-4$$

とおく。

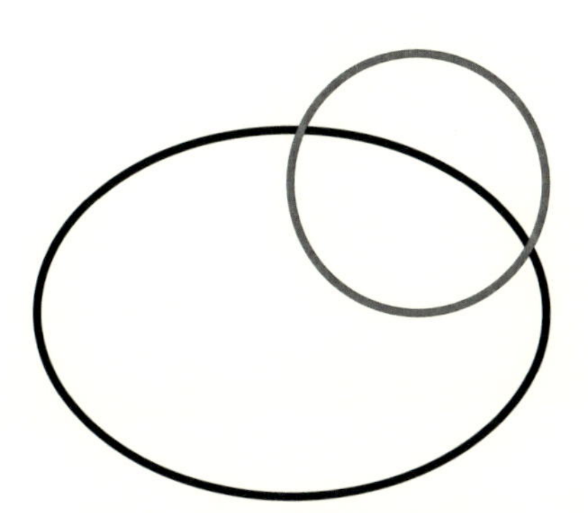

図 6.7　楕円と円の交点を求める

まず、線形代数のモジュールを import する。import numpy.linalg as lin を実行する。そして次のように計算してみる。

```
f = lambda x,y: (x-1)**2 + (y-1)**2 - 1
g = lambda x,y: x**2 + 2*y**2  - 4
fx = lambda x: 2*(x-1)
fy = lambda x: 2*(x-1)
gx = lambda x: 2*x
gy = lambda x: 4*x
x = 1 ; y = 0
for  i in range(7):
    w = [f(x,y),g(x,y)]
    a = [[fx(x),fy(y)],[gx(x),gy(y)]]
    u = lin.solve(a,w)
    x = x- u[0] ; y = y - u[1] ; print(x,y)
----------------------------------------------------
2.5 0.0
2.05 0.45
1.8814535585042218 0.49641133896260536
1.8686098778098894 0.5042746010188385
1.86850673289783 0.5043226171635825
1.868506727178295 0.5043226201993409
1.868506727178295 0.5043226201993409
```

これによって、$(1.8685\cdots, 0.50432\cdots)$ が一つの近似値であることがわかる。(x, y) の初期値を変えればもう一つの根も計算できる。

ここで大事なポイントは、**決して逆行列を計算しない**ことである。$Au=b$ を連立方程式とみなして解くのであり、A^{-1} を計算してベクトル b に掛けることのないように。2×2 くらいならば何も問題は起きないが、高次元になると差は歴然と現れてくる（逆行列を計算すると遅くなる）。上のプログラムで fy は fx と同じであるから必要ないものであるが、見やすくするためにわざと入れてある。

6.4.3　和算の問題から

もう一つ例題として『古今算法記』[7]の問題を解いてみよう。これは和算の中では極めて重要な歴史的位置を占めている問題である。これを解くことができた関 孝和は一気に名をあげたのである。文献としては [4] をあげておく。

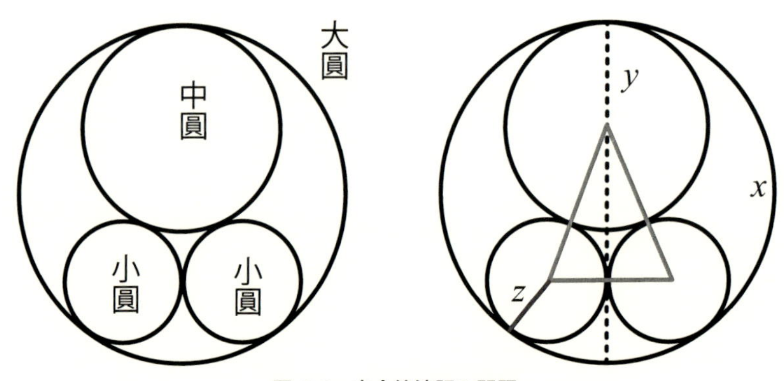

図 6.8　古今算法記の問題

古今算法記の問題

図 6.8（左）のように大圓・中圓・小圓が互いに接している。大圓から中圓と 2 箇の小圓を除いた領域の面積が 120 平方寸。小圓の直径は中圓の直径よりも 5 寸短い。このとき、それぞれの圓の直径は何寸か？

和算では半径は用いず、常に直径で話を統一していた。ここでは現代数学に合わせて、半径で説明する。大圓・中圓・小圓の半径をそれぞれ x, y, z 寸とおく。題意より、

$$x^2 - y^2 - 2z^2 = \frac{120}{\pi}, \qquad y - z = 2.5$$

が成り立つ。3 番目の条件は接しているということから出てくる。詳細は省略するが、図 6.8（右）を使って、円の接触条件を書き下すと次のようになる。

$$\sqrt{(y+z)^2 - z^2} = \sqrt{(x-z)^2 - z^2} + x - y.$$

両辺を二乗して整理し、もう一度根号を外すと、多少の計算の後に、$z(x+y)^2 - 4xy(x-y) = 0$ を得る。以上で、x, y, z に関する 3 個の方程式を得た。

7　1671 年、沢口 一之によって出版された。

$$x^2 - y^2 - 2z^2 = a, \quad y - z = b, \quad z(x+y)^2 - 4xy(x-y) = 0. \tag{6.6}$$

ただし、$a = 120/\pi \approx 38.197, b = 2.5.$

現代の我々は式 (6.6) を様々な方法で解くことができる。変数を消去して 1 変数の方程式を導くこともできる。たとえば x と z を消去すると、次のような y の 6 次方程式を得る。江戸時代の和算家はこうして 1 変数方程式に帰着させ、それをソロバンを使って数値的に解いた（しかし、この式変形の途中で計算間違いする可能性は高い）。

$$4y^2(3y^2 - 4by + a + 2b^2)(9y^2 - 6by + b^2) = \left[8y^3 - 14by^2 + (3a + 10b^2)y - b(a + 2b^2)\right]^2.$$

3 変数のニュートン法を用いてもよいが、ここでは z を消去して、

$$x^2 - 3y^2 + 4by - 2b^2 - a = 0, \qquad (y-b)(x+y)^2 - 4xy(x-y) = 0 \tag{6.7}$$

という連立方程式を解いてみよう。

$$f(x,y) = x^2 - 3y^2 + 4by - 2b^2 - a, \qquad g(x,y) = (y-b)(x+y)^2 - 4xy(x-y)$$

とおく。ヤコビ行列は

$$\begin{pmatrix} 2x & -6y + 4b \\ 6y(y-x) - 2b(x+y) & 3(y^2 + 4xy - x^2) - 2b(x+y) \end{pmatrix}$$

となる。$(x,y) = (11, 6.5)$ から出発すると、近似値

$$x \approx 10.323996, \qquad y \approx 6.293438, \qquad \text{したがって} \quad z \approx 3.793438 \tag{6.8}$$

を得る。結局、大圓、中圓、小圓の直径はそれぞれ、$20.6479932, 12.586876, 7.586876$ となる。

問題

問題 6–4–1： $0 < x < \pi/2$ における関数 $x^2 \cos x$ の最大値を与える x を計算せよ。

問題 6–4–2： 円 $(x-1)^2 + (y-1)^2 = 1$ と楕円 $x^2 + 2y^2 = 4$ のもう一つの交点を求めよ。

問題 6–4–3： 式 (6.5) を使って (6.7) を解き、その解が (6.8) に近づいてゆくことを確かめよ。

問題 6–4–4： これも『古今算法記』の遺題の一つである。直角三角形の直角をはさむ二辺の長さを x, y とし、斜辺の長さを z とするとき、$x^3 + z^3 = 900, y^3 + z^3 = 700$ であるという。三つの辺の長さを求めよ。

問題 6–4–5： これも『古今算法記』の遺題の一つである（文献 [4]）。図 6.9 のように、一辺の長さが 12 の正方形があり、$AE = x, AF = y, EF = z$ とするとき、$x^3 + z^3 = 3817$ と $x^3 + y^3 = 5572$ が成り立つ。x, y, z を求めよ（三角形 AEF は直角三角形とは仮定していない）。

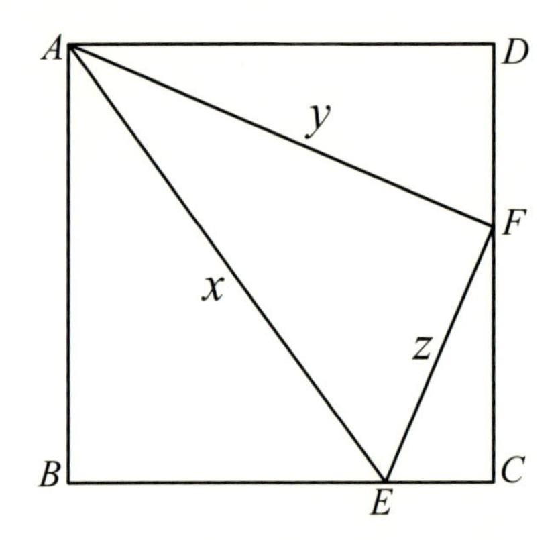

図 6.9　一辺が 12 の正方形に三角形を内接させる

問題 6–4–6： $a = 0.5608$ とする。$x\cos x - a = 0$ という方程式は $0 < x < \pi/2$ に二つの根を持つ。それらはどちらも計算しづらい（収束が速くない）ものであることを確認せよ。そしてその理由を考えよ。

6.5　区間力学系

ここでは区間力学系の最も簡単なものを取り扱う。区間力学系というのはいわば数列である。高校数学で習う漸化式である。線形の f を用いて $a_n = f(a_{n-1})$ で定義される数列 $\{a_n\}$ は簡単に求められる。しかし、f が非線形関数になると実に様々な挙動が $\{a_n\}$ に現れる。一般には数値計算しないとわからない。本節ではそうした例について学ぶ。

6.5.1　区間力学系

$0 \leq \alpha \leq 4$ をパラメータとし、数列 $\{x_n\}$ を

$$x_n = \alpha x_{n-1}(1 - x_{n-1}) \qquad (n = 1, 2, 3, \cdots) \tag{6.9}$$

で定義する。初期値 x_0 は $[0, 1]$ の中にとる。$0 \leq \alpha \leq 4$ と仮定しているので、すべての x_n は $[0, 1]$ の中にある。$f(x) = \alpha x(1 - x)$ とおけば、$x_n = f(x_{n-1})$ である。こうした数列

$$x_0, \quad f(x_0), \quad f(f(x_0)), \quad f(f(f(x_0))), \quad \cdots \tag{6.10}$$

は区間力学系を定義するという。f は 2 次関数であり、単純なものであるが $\{x_n\}$ は極めて複雑になり得る。

区間力学系

一般に、ある区間 $[a, b]$ があって、連続関数 $f : [a, b] \to [a, b]$ が与えられているとき、$x \in [a, b]$ を与えれば数列が式 (6.10) で定義される。関数 f の定義域と値域が同じであることに注意せよ。

x が平衡点であるとは、$x = f(x)$ となることである。$x_n = f(x_n)$ なる n があれば $m > n$ に対し $x_m \equiv x_n$ となる。つまりそれ以上動かないから平衡点なのである。

当然、式 (6.9) では $0 \leq \alpha \leq 4$ が何であっても $x = 0$ は平衡点であるが、安定かどうかは別問題である。x が安定な平衡点であるとは、任意の $\epsilon > 0$ に対して、ある $\delta > 0$ が存在して、$|x_0 - x| < \delta$ ならばすべての n に対して $|x_n - x| < \epsilon$ とできることである。安定であって、さらに、x_0 が x に十分近ければ常に $\lim_{n\to\infty} x_n = 0$ となるならば、漸近安定という。

$0 \leq \alpha \leq 1$ ならば $x = 0$ は漸近安定な平衡点である。$\alpha = 0$ のときは自明であるが、$0 < \alpha \leq 1$ のときは少し考察が必要になる。

定理： $0 \leq \alpha \leq 1$ ならば $x = 0$ は漸近安定である。

証明：　これを証明するには、まず、$x_{n+1} \leq \alpha x_n$ に注意する。よって、$x_n \leq \alpha^n x_0$. これから、$\alpha < 1$ の場合に漸近安定であることが従う。$\alpha = 1$ のときは安定であることは直ちに従うが、漸近安定であるかは上の不等式だけではわからない。しかし、単調性は保証されているので $\gamma := \lim_{n\to\infty} x_n$ の存在は保証される。$x_{n+1} = f(x_n)$ において $n \to \infty$ とすると、$\gamma = f(\gamma) = \gamma(1-\gamma)$ となる。これより、$\gamma = 0$ が従う。したがって、$\alpha = 1$ の場合も漸近安定である。

■

$1 < \alpha$ のときには $x = 0$ は不安定となる。$x = 0$ から少しずれたところから出発すると，別のところへ吸い込まれてゆく。代わりに、$x = (\alpha - 1)/\alpha$ が安定な平衡点となる。この平衡点は $1 < \alpha \leq 3$ で安定であるが、$3 < \alpha$ で不安定になる。これを証明するには上でやったように丁寧に漸近挙動を調べるだけである。図 6.10 のように、$y = x$ と $y = \alpha x(1-x)$ のグラフを描いてみるとわかりやすい。各自証明を試みよ。

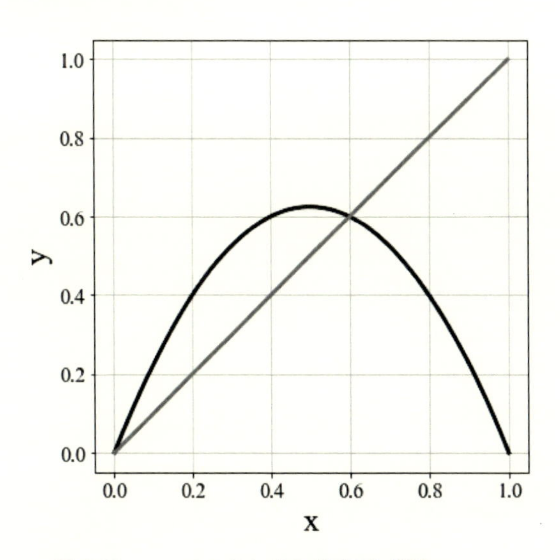

図 6.10　$\alpha = 2.5$ のときのグラフと直線 $y = x$

さて、$3 < \alpha$ となると状況はもう少し複雑になる。α が 3 よりも少しだけ大きいときは、周期＝2 の周期点が安定となる。

$$f(x) \neq x, \qquad x = f(f(x))$$

となる x を周期 2 の周期点と呼ぶ。この条件が満たされるときは

$$x, \quad f(x), \quad x, \quad f(x), \quad x, \quad f(x), \quad \cdots$$

という数列となる。

図 6.11（左上）が示すように、この周期点は $\alpha = 3.1$ で安定である。初期値 x_0 が何であっても周期 2 の解に急速に収束する（ただし、$x_0 = 0$ もしくは $x_0 = 1$ といった不安定な平衡解になるときは除く）。$\alpha = 3.5$ では周期 4 の周期点が安定となる。図 6.11（右上）参照。さらに、$\alpha = 3.55$ では周期 8 の周期点が安定となる。図 6.11（左下）参照。$\alpha = 3.8$ の場合、いかなる周期性も見えない（図 6.11（右下））。$x[i]$ の i に依存する仕方は、ただ乱雑にしか見えない。

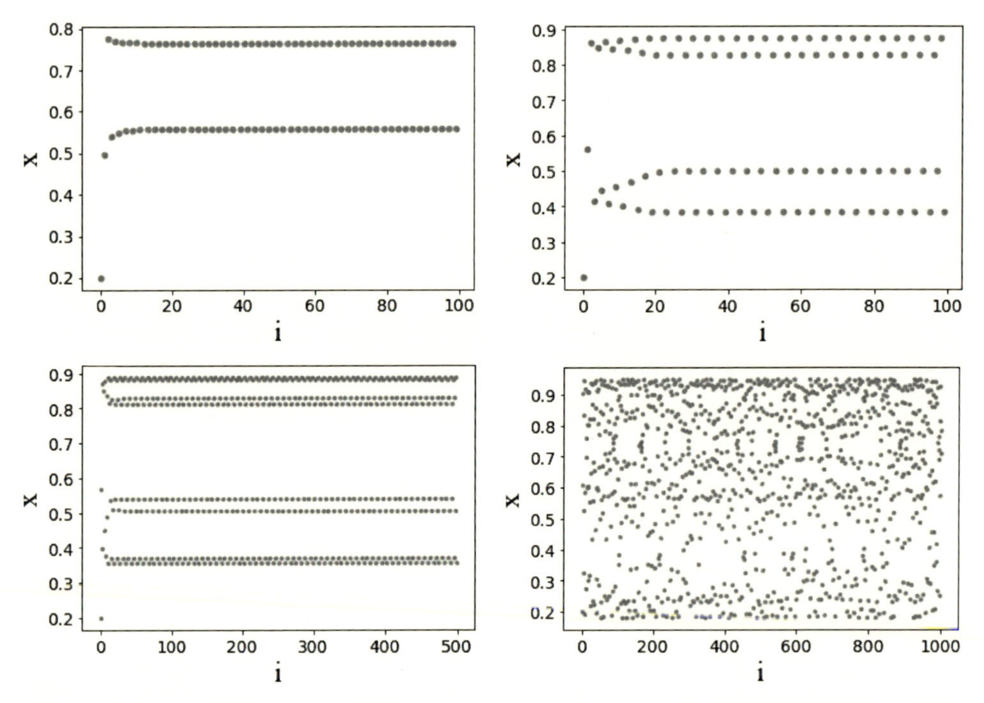

図 6.11　$\alpha = 3.1$（左上）, $\alpha = 3.5$（右上）, $\alpha = 3.55$（左下）, $\alpha = 3.8$（右下）、横座標が i で縦座標は $x[i]$ を表す

6.5.2　カオス

α がある程度以上 4 に近いと、数列 $\{x_n\}$ はきれいな法則に従っているようには見えず、ただ乱雑に並んでいるように見える。こうした数列はカオス的であると言われている。カオスあるいはカオス的とはどういうことか、ここでは述べない。もしも興味があれば、文献 [52, 6] を参照してほしい。$\alpha = 3.8$ の場合を示すと図 6.11（右下）となる（いつもながら、

```
import math
import numpy as np
import matplotlib.pyplot as plt
```

は忘れずに)。

図 6.11 は、たとえば、次のプログラムで描くことができる。

```
x = np.zeros(1000)
x[0] = 0.2
a=3.8
for i in range(1,1000):
    x[i] = a*x[i-1]*(1-x[i-1])
plt.plot(x,linestyle='none',marker='o',markersize=4)
plt.xlabel("i",fontsize=16)
plt.ylabel("x",fontsize=16)
```

初期値 $x[0]$ を変えたらグラフも変わる。しかし、無秩序に見えるということは変わらない。

初期値を $x[0] = 0.2$ としてヒストグラムをとるとわかるように、

```
plt.hist(x,range=(0,1))
```

図 6.12 からわかるように、同じカオスと言えども $\alpha = 3.9$ と 3.8 では分布はずいぶんと違う。

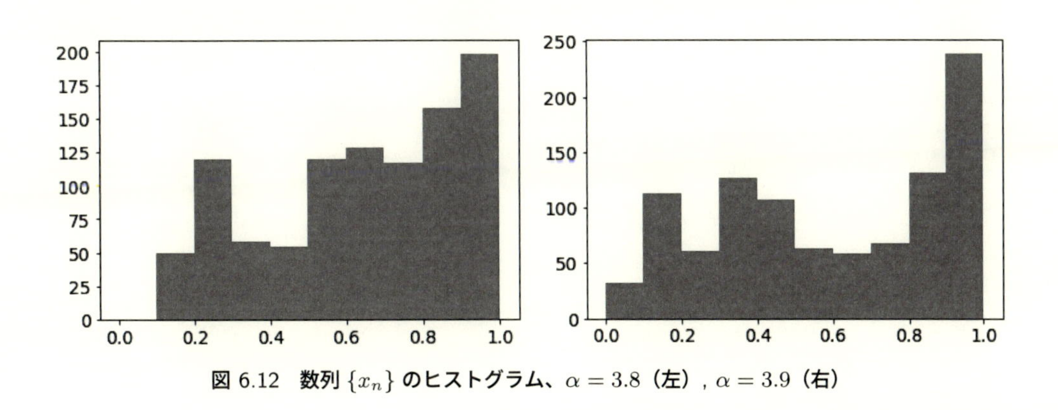

図 6.12　数列 $\{x_n\}$ のヒストグラム、$\alpha = 3.8$（左）, $\alpha = 3.9$（右）

$\alpha = 3.8$ のときの数列 $\{x[n]\}$ と $\alpha = 3.9$ のときの数列 $\{y[n]\}$ を計算し、散布図を見てみよう。

```
x = np.zeros(1000)
x[0] = 0.1
for i in range(1,1000):
    x[i] = 3.8*x[i-1]*(1-x[i-1])
y = np.zeros(1000)
y[0] = 0.1
for i in range(1,1000):
    y[i] = 3.9*y[i-1]*(1-y[i-1])
plt.figure(figsize=(5,5))
plt.xlabel("alpha=3.8",fontsize=24)
plt.ylabel("alpha=3.9",fontsize=24)
plt.xticks(fontsize=14)
plt.yticks(fontsize=14)
plt.scatter(x,y)
```

こうやって計算すると図 6.13 を得る。図 6.13 から見て取れるように、両者にはまったく相関が見られない。

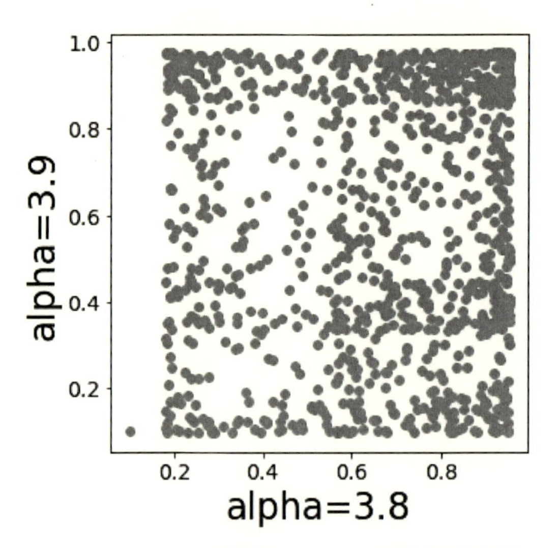

図 6.13　$a = 3.8$ の数列と $\alpha = 3.9$ の数列の散布図

カオスが出るのは2次関数にとどまらない、$\alpha \sin \pi x$ でもよいし、折れ線関数でもよい。かなり広範囲の関数についてカオスは出現する。たとえば $x_n = \sin(\pi x_{n-1})$ で計算してみると、図 6.14 を得る。

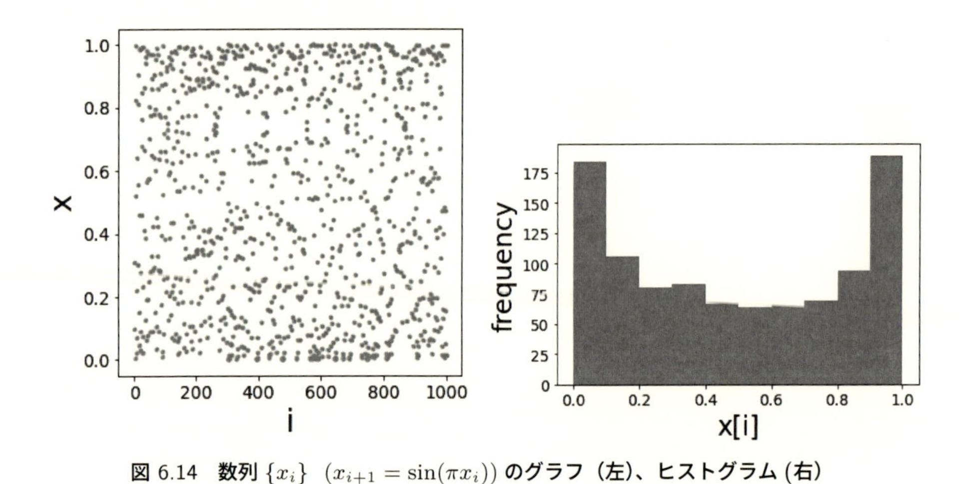

図 6.14　数列 $\{x_i\}$　$(x_{i+1} = \sin(\pi x_i))$ のグラフ（左）、ヒストグラム (右)

次の例はメイの生物個体数モデルである（文献 [55]）。これはある種の生物個体数の年ごとの変遷を記述する。まず関数 f を

$$f(x) = x \exp\left(a(1-x)\right)$$

で定義する。ここで $a > 0$ はパラメータである。そして、ある年の生物個体の個数（をある定数で割って正規化したもの）$x[0]$ を与えて、$x[n+1] = f(x[n])$　$(n = 0, 1, 2, \cdots)$ でその n 年後の個体数とするのである。a が小さいときには単純な変動しか見えないが、$a = 2.9$ あたりではカ

オスが見える[8]。

2 次元写像

2 次元写像でもカオスは出る。有名なのはエノン写像である。これはフランスの天文学者 Michel Hénon が 1976 年に考えたものである（文献 [46]）。$\Phi : \mathbb{R}^2 \to \mathbb{R}^2$ を

$$(x, y) \mapsto (1 - ax^2 + y, bx) =: \Phi(x, y)$$

で定義する。a と b はパラメータである。点列

$$(x_0, y_0), \quad \Phi(x_0, y_0), \quad \Phi(\Phi(x_0, y_0)), \quad \Phi(\Phi(\Phi(x_0, y_0))), \quad \cdots$$

を計算すると、たとえば、$a = 1.2, b = 0.4$ のときにはカオスが出る。a が小さいと、たとえば $a = 1$ ならば、カオスは起きずに周期点が現れる。

```
m=2000
a = 1.2 ; b = 0.4 ; x = np.zeros(m); y = np.zeros(m)
x[0] = 1 ; y[0] = 1
for i in range(1,m):
    x[i] = 1 - a*x[i-1]**2 + y[i-1]
    y[i] = b*x[i-1]
plt.xlabel('x',fontsize=24,fontfamily='Times New Roman')
plt.ylabel('y',fontsize=24,fontfamily='Times New Roman')
plt.plot(x,y,linestyle='none',marker='o',markersize=2.5)
```

この計算をしてみると図 6.15 を得る。点列は、最初の数個の n を除いて、ある集合の上に載っていることが見て取れる。この集合が実は極めて複雑な構造をしているのでそこからカオスが出るのである。この程度の解像度ではそれを観察するのは難しい。図 6.15 では放物線のようなものが 4 つ見える程度であるが、実はそういった一見簡単と思える曲線の中にさらに細かい構造が無限に見えてくる。

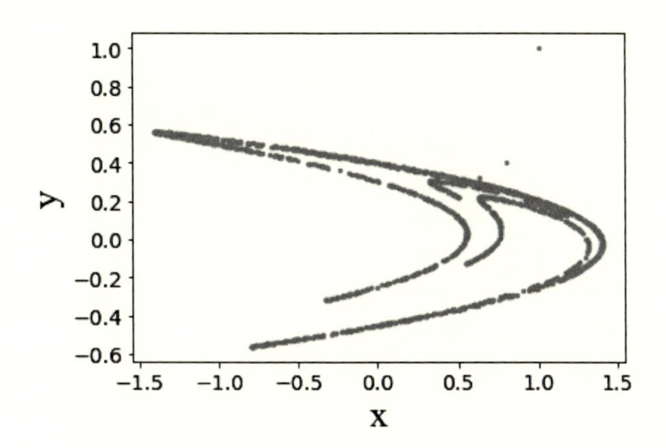

図 6.15　エノン写像の最初の 2000 個の点列、右上の $(1,1)$ が初期値である

8　$\max f(x) = \frac{1}{a}e^{a-1}$ だから、この力学系は $\left[0, \frac{1}{a}e^{a-1}\right]$ における区間力学系とみなすことができる。

問題

問題 6–5–1： $\alpha = 3.1$ として式 (6.9) の 2 重周期点 $x, f(x), x, f(x), \cdots$ を探す。座標の大きい方はいくらか？ 計算方法とともに答えよ。

問題 6–5–2： $\alpha = 3.1$ として $f(f(x))$ のグラフを描き、そのグラフと $y = x$ の交点を見よ。どれが 2 重周期点か？

問題 6–5–3： $3.7 < \alpha < 4$ のうち、3.8 と 3.9 以外の数値を任意に選び、それを α とせよ。そして、x_0 を適当に選んで式 (6.9) にしたがって数列を 1000 まで定義し、プロットせよ。プロットした図だけでなく、選択した α と x_0 の値も記せ。

問題 6–5–4： 生物個体数に対するメイのモデルで、$x[0] \neq 1$ とし、$a = 1.6, 2.2, 2.6, 2.9$ に対して、どういうふうに $x[n]$ が変わるか、図示せよ。

問題 6–5–5： エノン写像の問題で、a, b を上の文中の値から少しだけずらし、どのような図形が描かれるか、試してみよ。

6.6　多項式の判別式と終結式

数式処理を使って多項式の判別式を計算することを目指す。

6.6.1　判別式とは

多項式 $ax^2 + bx + c$ の判別式（英語では discriminant）は $b^2 - 4ac$ であることは誰でも知っている。その意味を以下のようにして解釈してみよう。

まず、$ax^2 + bx + c = 0$ の根が重根を持つということは、その根 x が導関数の根でもあるということである。したがって、x は

$$ax^2 + bx + c = 0 \qquad と \qquad 2ax + b = 0$$

の両方を同時に満たすことになる。ここで、x を消去する。右の式を $x = -b/(2a)$ と書き直して、左の式に代入すれば、

$$a \times \frac{b^2}{4a^2} - b \times \frac{b}{2a} + c = \frac{4ac - b^2}{4a} = 0$$

を得る。したがって、重根を持つための必要十分条件は判別式がゼロになることである。

この考え方は 3 次式でも、もっと高次の多項式でも適用できる。$ax^3 + bx^2 + cx + d = 0$ が重根を持つための条件を探そう。これと $3ax^2 + 2bx + c = 0$ の両方を満たす x があると仮定して、a, b, c, d の満たすべき関係式を求めるわけである。2 次式の場合と同じように、x を消去すればよい。このような消去法は昔から考えられていて、便利な方法もある。ちなみに、史上最も早くこうした消去法に気づいたのは関 孝和である。ここでは愚直な方法で解いてみよう。導関数に $x/3$ を掛けると $ax^3 + 2bx^2/3 + cx/3 = 0$ を得る。これと元の 3 次方程式から ax^3 を消すと、$bx^2 + 2cx + 3d = 0$ を得る。これで我々は

$$3ax^2 + 2bx + c = 0, \qquad bx^2 + 2cx + 3d = 0$$

という 2 本の方程式を得る。同じようにして x^2 の項を消す。すると、

$$(6ac - 2b^2)x + 9ad - bc = 0$$

を得る。すなわち、$x = (bc - 9ad)/(6ac - 2b^2)$. これを上の 2 次方程式のどちらかに代入する（どちらに代入しても結果は同値である）と、

$$9a(27a^2d^2 - 18abcd + 4ac^3 - b^2c^2 + 4b^3d) = 0$$

を得る。$a \neq 0$ は当然仮定しているから、$27a^2d^2 - 18abcd + 4ac^3 - b^2c^2 + 4b^3d = 0$ が重根を持つ条件である。

さて、以上の計算は口で言うのはたやすいが、実際に実行してみると結構計算間違いを犯して、正解にたどり着くのはたいへんである。

4 次式について同じことを実行したら計算の煩雑さは半端なものではない。こういうときに数式処理で判別式 (discriminant) を計算することができればたいへん都合がよかろう。

6.6.2 sympy の discriminant

sympy に備わっている discriminant を使ってみよう。

```
import sympy
```

を実行する。そして、

```
a, b, c, d, x = sympy.symbols('a b c d x')
```

を実行する。これで、a, b, c, d, x は数式処理の対象となる。試しに

```
sympy.discriminant(a*x*x + b*x + c)
```

をやってみよう。おなじみのものが出ただろうか？

```
sympy.discriminant(a*x**3 + b*x**2 + c*x + d)
```

とすると、前節で計算したものが出てくるはずである。4 次多項式ならば、

```
a, b, c, d, h, x = sympy.symbols('a b c d h x')
sympy.discriminant(a*x**4 + b*x**3 + c*x**2 + d*x + h)
```

を行うと、短時間で答が出てくる。

3 次以上の多項式の判別式は大学ですら教えないことも多い。その定義は行列式を用いて表されている（6.6.5 項参照）。行列式の実行は決して易しくはない。こうしたものはコンピュータに行わせるに限る。

6.6.3 例題

図 6.16 のように、楕円と円が接している。円を $(x - c)^2 + (y - c)^2 = c^2$ とし、楕円を

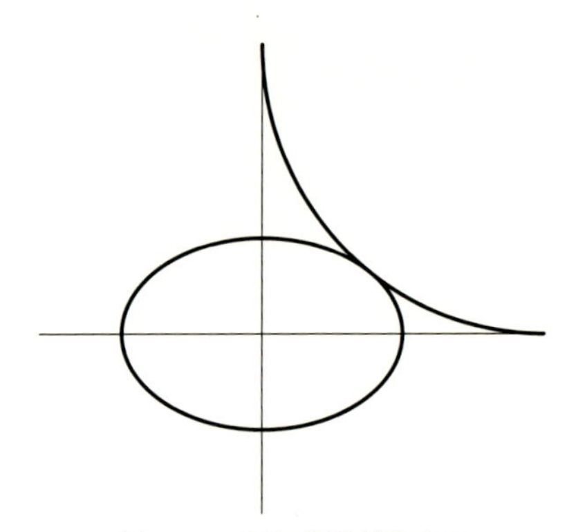

図 6.16　円と楕円が接する

$\frac{x^2}{a^2} + \frac{y^2}{b^2} = 1$ とする。このような楕円は無限に存在するけれども、それらは a, b に関するある関係式を満たさねばならない。その関係式を求めよ。これは江戸時代の和算で考えられた問題を現代の言葉で書き直したものである。

円を $y = c - \sqrt{c^2 - (c-x)^2}$ とし、楕円を $y = \frac{b}{a}\sqrt{a^2 - x^2}$ と書き表す。すると、

$$c - \sqrt{c^2 - (c-x)^2} = \frac{b}{a}\sqrt{a^2 - x^2}$$

が重根を持つ条件を求めればよい。これを変形して根号を外すと、

$$\left[(a^2 - b^2)x^2 - 2a^2cx + a^2(b^2 - c^2)\right]^2 = 4a^4c^2(2cx - x^2)$$

となる。これが重根を持つ条件を求めれば、それはこの4次多項式の判別式を計算することになる。

```
t1 = (a*a - b*b)*x**2 - 2*a*a*c*x + a*a*(b*b - c*c)
t2 = 4*a**4*c**2*(2*c*x -x*x)
sympy.discriminant(t1*t1 - t2)
```

とやると、答はいささか複雑である。そこで、因数分解も実行してみよう。

```
t1 = (a*a - b*b)*x**2 - 2*a*a*c*x + a*a*(b*b - c*c)
t2 = 4*a**4*c**2*(2*c*x -x*x)
shiki = sympy.discriminant(t1*t1 - t2)
sympy.factor(shiki)
```

結果は、

$$4096a^{14}b^6c^4(a-b)^2(a+b)^2\big(a^6b^2 - 4a^6c^2 - 2a^4b^4 + 4a^4b^2c^2 + 12a^4c^4 + a^2b^6 + 4a^2b^4c^2 \\ - 20a^2b^2c^4 - 12a^2c^6 - 4b^6c^2 + 12b^4c^4 - 12b^2c^6 + 4c^8\big) = 0.$$

結局、（簡単のために $c = 1$ とすると）

$$a^6b^2 + a^2b^6 - 4(a^6 + b^6) - 2a^4b^4 + 4(a^4b^2 + a^2b^4) + 12(a^4 + b^4) \\ - 20a^2b^2 - 12(a^2 + b^2) + 4 = 0.$$

この関係式を手で計算するのは至難の業であろう。しかし、安島 直円（あじま なおのぶ, 1732–1798）の著作を読めば、彼にはこれができていたとしか思えない。すごい日本人がいたものだと感心させられる。

6.6.4　終結式

以上の問題はもう少し一般化して、二つの多項式 p, q が共通根を持つためにはその係数にどのような関係があればよいか、という問題にできる。その関係式を終結式 (resultant) という。特に q が p の導関数のときには判別式となる。

二つの多項式が共通根を持つための必要十分条件はその resultant がゼロになることである。たとえば、$x+1$ と x^2-1 は共通根を持つから、resultant はゼロのはずである。

```
sympy.resultant(x+1, x**2-1)
```

と入力すれば 0 が返ってくる。

もう一つ例題。これも江戸時代の日本人は知っていた。半径 R の円内に四辺形が内接している。その 4 辺の長さを a, b, c, d とするとき、R と a, b, c, d の間にどのような関係式が成り立つか？

これは以下のように考えてゆくのがよかろう。まず、半径 R の円に 3 辺の長さが a, b, c である三角形が内接しているとき、

$$R^2\left(c^2-(a+b)^2\right)\left(c^2-(a-b)^2\right)+a^2b^2c^2=0 \tag{6.11}$$

という関係式が成り立つことを証明する。これは、a, b で挟まれる角度を θ とするとき、三角形の面積が $\frac{1}{2}ab\sin\theta$ であることと、正弦定理によって、$4R\times$ 面積 $=abc$ を得る。すなわち、面積$^2=\frac{a^2b^2c^2}{16R^2}$. ここでヘロンの公式を使うと

$$\frac{a^2b^2c^2}{16R^2}=s(s-a)(s-b)(s-c) \qquad (2s=a+b+c).$$

書き直して、

$$\frac{a^2b^2c^2}{16R^2}=\frac{1}{16}(a+b+c)(-a+b+c)(a-b+c)(a+b-c).$$

これから式 (6.11) を得る。

次に、4 辺形が内接しているとき、図 6.17 のように対角線を引き、その長さを x とする。式 (6.11) を用いると、

$$R^2\left(x^2-(a+b)^2\right)\left(x^2-(a-b)^2\right)+a^2b^2x^2=0, \tag{6.12}$$

$$R^2\left(x^2-(c+d)^2\right)\left(x^2-(c-d)^2\right)+c^2d^2x^2=0 \tag{6.13}$$

を得る。これらの式から x を消去すれば a, b, c, d, R の関係式を得る。腕に自信のある人は手計算で挑戦してみたらよいが、なかなか正解には時間がかかるであろう。だが、これを実行できた日本人がいたのである。

ここではコンピュータを使おう。

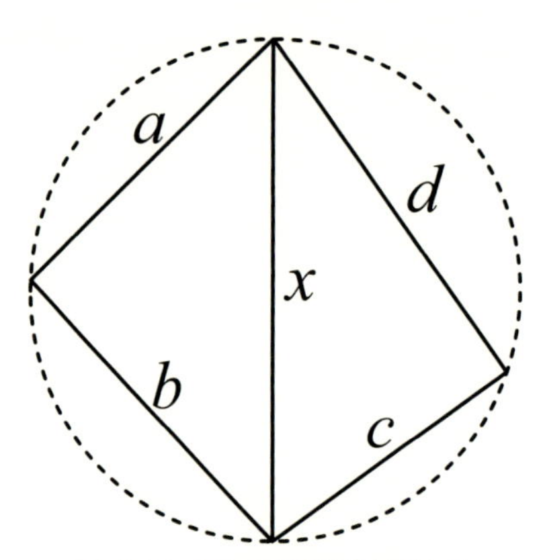

図 6.17　円に四辺形が内接する

```
import sympy
a, b, c, d, r, x = sympy.symbols('a b c d r x')
t1 = r*r*(x*x - (a+b)**2)*(x*x - (a-b)**2) + (a*b*x)**2
t2 = r*r*(x*x - (c+d)**2)*(x*x - (c-d)**2) + (c*d*x)**2
sympy.factor(sympy.resultant(t1,t2))
```

を実行すると、関係式を得る。

$$(a^4+b^4+c^4+d^4-2a^2b^2-2a^2c^2-2a^2d^2-2b^2c^2-2b^2d^2-2c^2d^2-8abcd)R^2$$
$$+abcd(a^2+b^2+c^2+d^2)+a^2b^2c^2d^2\left(\frac{1}{a^2}+\frac{1}{b^2}+\frac{1}{c^2}+\frac{1}{d^2}\right)=0.$$

これ以外の因子もあるがそれらは題意に適さない。R^2 の係数はさらに因数分解できる。

$$(a-b-c-d)(a-b+c+d)(a+b-c+d)(a+b+c-d).$$

定数項は $(ab+cd)(ac+bd)(ad+bc)$ と因数分解できる。よって、

$$(-a+b+c+d)(a-b+c+d)(a+b-c+d)(a+b+c-d)R^2=(ab+cd)(ac+bd)(ad+bc)$$

と書いてもよい。

注意： さらに驚くべきことに、和算書では内接五角形の辺の長さと半径の関係を考えていた。この関係式は相当長く、2,3 ページでは書き下せないくらいである。

6.6.5　終結式の定義

定義： $p(x)=a_nx^n+a_{n-1}x^{n-1}+\cdots+a_1x+a_0$ と $q(x)=b_mx^m+b_{m-1}x^{m-1}+\cdots+b_1x+b_0$ の終結式とは、行列式

$$\begin{vmatrix} a_n & a_{n-1} & \cdots & \cdots & a_1 & a_0 & & \\ & \ddots & \ddots & & & & \ddots & \\ & & a_n & a_{n-1} & \cdots & \cdots & a_1 & a_0 \\ b_m & b_{m-1} & \cdots & \cdots & b_0 & & & \\ & \ddots & \ddots & & & \ddots & & \\ & & \ddots & \ddots & & & \ddots & \\ & & & b_m & \cdots & \cdots & b_1 & b_0 \end{vmatrix}$$

のことである。ここで p は一つずつずらしながら m 行並んでおり、q は一つずつずらしながら n 行並んでおり、これはサイズが $m+n$ の行列式である。

終結式 $=0$ と、共通根が存在することは同値である。その証明は文献 [12] にあるので、ここでは省略する。

例として ax^2+bx+c の判別式は、ax^2+bx+c と $2ax+b$ の終結式であるから、

$$\begin{vmatrix} a & b & c \\ 2a & b & 0 \\ 0 & 2a & b \end{vmatrix}$$

となる。計算すればわかるように、これは $a(-b^2+4ac)$ である。

問題

問題 6–6–1： $p=x^4+x^3-12x^2-73x-187$ と $q=x^4+5x^3-29x-187$ には共通根が存在するか？ これは、終結式を使ってもよいし、因数分解でもよい。

問題 6–6–2： 曲線[9] $x^{2/3}+y^{2/3}=1 \quad (|x|\leq 1, |y|\leq 1)$ に、楕円 $\dfrac{x^2}{a^2}+\dfrac{y^2}{b^2}=1$ が内接するための条件は $a+b=1$ であることを証明せよ（図 6.18（左）参照)。

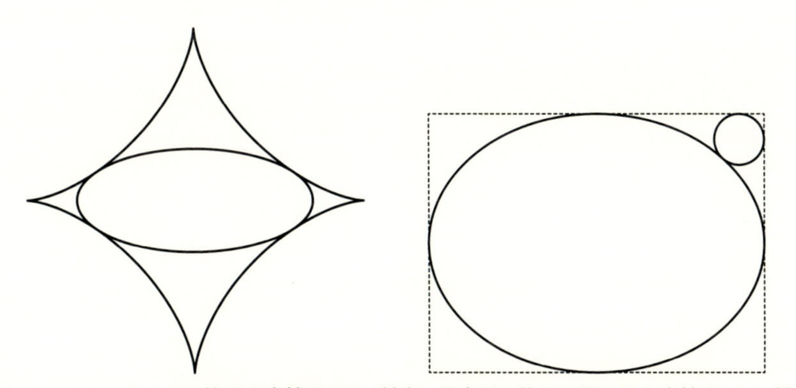

図 6.18 アストロイドに楕円を内接させる（左)、長方形と楕円の間に円を内接させる（右)

問題 6–6–3： 図 6.18（右）のように長方形の中に楕円を長軸と短軸が長方形の辺に平行となる

9 アストロイド astroid と呼ばれる曲線である。

ように内接させる。このとき、図の円の半径が $r = a + b + \sqrt{ab} - \left(\sqrt{a} + \sqrt{b}\right)\sqrt{a+b}$ で与えられることを証明せよ[10]。ただし、楕円を $\frac{x^2}{a^2} + \frac{y^2}{b^2} = 1$ とする。

注意：和算にはこうした図形の接触問題がいっぱい出てくる。ほとんどは変数の消去に多大のエネルギーが必要となる。しかし、Python でやればそれも簡単に実行できる。

10　これは精要算法（1781 年刊）という和算書に現れる問題で、手で計算してみるととても複雑になる。

付録 A

解答例

　ここでは各章の問題の解答例を記す。かっこよく書くよりは、どんくさくてもよいからわかりやすく書くように心がけた。解答の仕方は一つではない。他にも答はあるだろう。また、Python 固有のコマンドは避けた。

A.1　問題の解答

すでに本文中に答が見つかるもの、あるいは書くまでもなかろうと思ったもの、あるいは、書いてどうなるものでもなかろうと思ったものについては解答を省略している。
解答例はベストなものではないし、唯一のものでもない。Python 独自のコマンドは避けたので、皆、どんくさく見える。しかし、応用数学の現場では様々なコンピュータ言語が使われているのだから、ある一つの言語に依存しきってしまうのは危険であると著者は考える。

A.2　第1章

（問題 1–1–1、1–1–2 は省略）

問題 1–1–3：
たとえば、$\dfrac{\pi^9}{e^8} \approx 9.99983879780488$ を得る。また、$e^6 \approx 403.42879349273$5, $\pi^5 + \pi^4 \approx 403.4287758192838$, $\frac{501+80\sqrt{10}}{240} \approx 3.1415925533894598$, $\pi \approx 3.14159265358979$, $\sqrt{2} + \sqrt{3} \approx 3.1462643699419726$.

問題 1–1–4：
$\log x = 20$ とおけば $x = e^{20}$ である。e^{20} を計算すると、485165195.4097903 という答が返ってくる。対数関数は単調増加だから、答は 485165196 である。

問題 1–1–5：
171 については計算してくれるが、172 は計算してくれない。
計算可能な最大の n を $\tilde{n}$ とする。$n = 100$ で計算可能であり、$n = 200$ で計算不能である。よって、$100 \leq \tilde{n} < 200$ であることがわかる。両端の真ん中で試してみる。もしも gamma(150) が計算できたら、求める $\tilde{n}$ は $150 \leq \tilde{n} < 200$ だということがわかる。もしも gamma(150) が計算できなかったら、求める n は $100 \leq n < 150$ だということがわかる。これを繰り返せばよい。

（問題 1–1–6、1–1–7 は省略）

問題 1–1–8：
これは桁落ちの影響である。大きな誤差が出ているが、これでも e^{50} と比べれば小さな誤差である。桁落ちについては 4.1 節を参照せよ。

問題 1–1–9：
$x(n) = 2^n - 1$ となる。$2^{64} - 1$ 秒は $(2 ** 64 - 1)/(365 * 24 * 3600)$ 年であるから、答は 584942417355.072 年である。宇宙の年齢よりも大きい。
空いている棒の個数を 2 本から 3 本にすると、問題の様相はずいぶんと変わる。文献 [30] の 24 ページ参照。

問題 1–1–10：
$\binom{100}{10}$ を計算すればよい。17310309456440 銭 = 4327577364.11 両である。したがって、千両箱は 4327578 個必要となる。

問題 1–1–11：
前者は 2 となるが、後者は 1 となる。これも丸め誤差の影響である。実際、$\cos(\pi/3)$ を計算させると 0.5000000000000001 となる。丸め誤差については第 4 章を参照せよ。

問題 1–1–12：
39 桁の数である。実際、次のようになる。

$$170141183460469231731687303715884105727$$

問題 1–1–13：
w は大きな整数である。ここに誤差はない。しかし、math.sqrt(w) は float で計算するので、誤差が入る。したがって、y にも誤差が入り、$w = y^2$ とはならない。

問題 1–1–14：
それぞれ、以下のようになる。

$$\text{左辺} = 1029.1091087457094\cdots, \qquad \text{右辺} = 1029.1091087695643\cdots$$

$$\text{左辺} = 7745.883719183245\cdots, \qquad \text{右辺} = 7745.88371918330\cdots$$

（問題 1–2–1 は省略）

問題 1–2–2：
10000 まで和をとると次のようになる。

```
import math
n = 10000
z = math.pi**2/6
x = 0
for j in range(n+1):
    x = x + (n+1-j)**-2
print(z,x)
---------------------------------------
1.6449340668482264 1.6448340718480596
```

1000000 まで和をとると 1.6449330668487263 となるから、確かに近づいている。なお、1 から n まで足すのではなく、n から 1 まで足していることになる。どちらで計算しても数学的には同じではないか、といぶかしく思われる読者もおられよう。しかし実は、n から 1 まで足していった方が、精度がよいのである。なぜ精度がよくなるのかは、4.1 節で説明する。
後半は、次のようになる。

```
import math
n = 10000
```

```
z = math.pi**3/32
x = 0
for j in range(n+1):
    x = x + (-1)**(n-j)*(2*(n-j)+1)**-3
print(z,x)
---------------------------------------
0.9689461462593693 0.9689461462594319
```

こっちは収束が速いので、10000 でも結構合う。

（問題 1–2–3 は省略）

問題 1–2–4：
これは、インターネットでも証明を読むことができるくらい有名な話である。ここでは以下のような証明を与えておく。$a_1 > b_1 > 0$ をどちらも自然数とする。第一ステップで、$a_2 = b_1, b_2 = a_1 \% b_1$ となる。余りの定義から $0 \leq b_2 < b_1$ である。次のステップでも同じようにするから、$0 \leq b_3 < b_2$ である。b_j は 0 以上の整数であるから、狭義単調減少するこの操作は無限に続くことはできない。

問題 1–2–5：
476263 と 725911 には 743 という公約数がある。math.gcd で計算できる。そうすると $476263x - 725911y$ は常に 743 の倍数なので、1 にはなり得ない。

（問題 1–2–6 は省略）

問題 1–2–7：
たとえば次のようにすればよい。

```
n = 100 ; x = n+1
for i in range(2,n+1):
    x = x*(n+i)/i
print(x)
-------------------------------------
9.054851465610333e+58
```

Python では整数が任意桁で計算可能であるから、こういう近似値ではなく、正確な数字を出すことも可能である。たとえば、

```
a = 1
for i in range(2,101):
    a= a*i
b = a
for i in range(101,201):
    b = b*i
b//(a*a)
```

とすれば、正確な数字 90548514656103281165404177077484163874504589675413336841320 が出てくる。

問題 1–2–8：
前半は、n が偶数ならば互いに素であり、n が奇数ならば最大公約数は 2 である。証明は初等的にできる。
後半は、n を 13 で割った余りが 6 のときには n^2+3 と $(n+1)^2+3$ の最大公約数は 13 であり、その他のときは互いに素である。

問題 1–2–9：
$1 \leq n \leq 20$ について互いに素である。実は n を大きくしてゆくと $n = 19583$ において互いに素ではなくなる。他にもそういう n は存在する。1 万個くらい確かめて、何らかの数学的命題（予想）に到達しても安易に信用してはならない。

問題 1–2–10：
$n = 24$ である。

補足：実は、このような $n > 1$ はただ一つしかないことが証明できる。その証明は学習院大学数学科教授の中野 伸教授に教えていただいたが、簡単なわけではない。その後、すでに 1918 年にワトソン（文献 [72]）が証明していることを [35] で知った。

問題 1–2–11：
$N = 1025622$ である。片っ端から計算してもできないわけではない。たとえば、

```
w = 1
for n in range(2,2000000):
    w = w + n**-0.5
    if w > 2024:
        print(n) ; break
```

とすればよい。でも、積分学の知識があれば、この和がだいたい $2\sqrt{N}$ であることがわかるので、$2\sqrt{N} = 2024$ から $N = 1012^2$ を得るので、だいたい 100 万くらいとわかる。この近辺を調べれば短時間で答にたどり着くことができる。

問題 1–2–12：

```
x = 4700063497
2**x % x
```

これでも答は出る。しかし、次のようにやる方がずっと速い。

```
y = 893 ;  z = 5263229 ; x = y*z
a=2**z % x
a**y % x
```

問題 1–2–13：
数値実験すればわかるように、これは e に収束する。

```
x = 0 ; y = 1
for i in range(3,10000):
```

```
    x,y = y, y + x/(i-2)
print(i/y)
```

問題では要求していないが、証明も難しくはない。この結果を数値的に見通すことができれば、証明は次のようにできる。$x_n = ny_n$ と置き換えると、数列 y_n は $(n+1)y_{n+1} = ny_n + y_{n-1}$ と $y_1 = 0, y_2 = 1/2$ を満たす。漸化式を $y_{n+1} - y_n = \dfrac{-1}{n+1}(y_n - y_{n-1})$ と書き換えれば、後は容易であろう。

（問題 1–3–1、問題 1–3–2 は省略）

問題 1–3–3：
$\delta = 0.028$ とし、標本点を 3000 個とると、

```
import numpy as np
import matplotlib.pyplot as plt
x = np.linspace(0.028,1,3000)
y = np.sin(1/x)
plt.grid()
np.xlim=(0,1)
plt.xticks(np.linspace(0,1,11))
plt.plot(x,y,linewidth=2, color='black')
plt.xticks(fontsize=12)
plt.yticks(fontsize=12)
plt.xlabel("x",fontsize=20)
plt.ylabel("y",fontsize=20)
```

によって図 A.1 を得る。これと同じである必要はない。同じようなものであればそれで構わない。

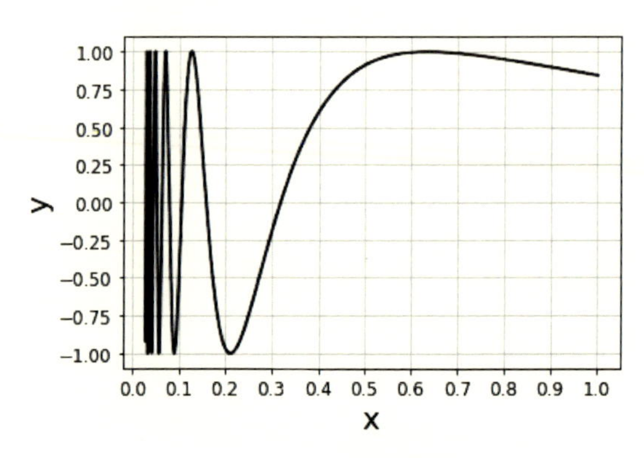

図 A.1　$y = \sin\frac{1}{x}$ のグラフ

問題 1–3–4：
たとえば $a = 0.1$ でやると、次のようになる。

```
w = 1.0e-13
x = np.linspace(0,1,1000)
y = np.log(x+w)*x**0.1
```

```
y[0]=0
plt.grid()
np.xlim=(0,1)
plt.xticks(np.linspace(0,1,11))
plt.plot(x,y,linewidth=3,color='black')
plt.xticks(fontsize=14)
plt.yticks(fontsize=14)
plt.xlabel("x",fontsize=20)
plt.ylabel("y",fontsize=20)
```

確かに描いてくれる（図 A.2）。しかし、これが無限回微分可能な関数であると言われてもまごつく人は多かろう。ちなみに、$0 \leq x \leq 1$ ではなく、$0 \leq x \leq 0.001$ で描いてみると、滑らかな関数であることがわかる。

w を入れているのは、$\log 0$ を計算しないための工夫である。w を使わないと警告を受ける。

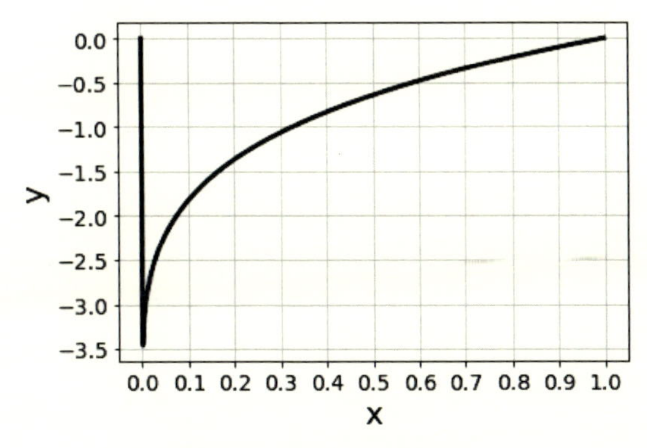

図 A.2　$x^{0.1}\log x$ のグラフ

問題 1–3–5：

関数は次の関係式から定まる。

$$\cos f(x,y) = \frac{x^2-1+y^2}{\sqrt{(x+1)^2+y^2}\sqrt{(x-1)^2+y^2}}.$$

numpy と matplotlib.pyplot を使えるようにしてから、次のようにすればよい。その結果は図 A.3 となる。

```
r = 3
x=np.linspace(-r,r,100) ; y = np.linspace(-r,r,100)
u,v= np.meshgrid(x,y)
w = np.arccos( (u*u - 1 + v*v)/np.sqrt((u**2+1+v*v)**2 - 4*u*u))
plt.figure(figsize=(5,5))
plt.xticks(fontsize=14)
plt.yticks(fontsize=14)
plt.contour(u,v,w,linewidths=3)
```

円周角の定理によって、この関数の等高線はすべて、2 点 $(1,0),(-1,0)$ を通る円弧になる。これに注意して眺めてみると、まずまずの精度と思える。

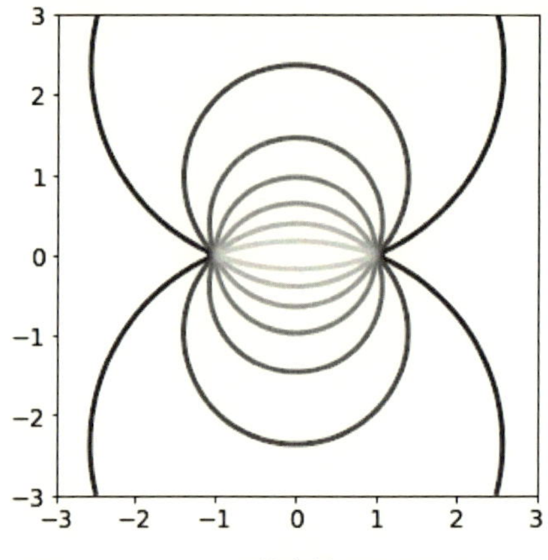

図 A.3　$f(x, y)$ の等高線は円周からなる

問題 1–3–6：

たとえば次のプログラムで描くことができる。図 A.4 を得る。

```
t = 7 ; r = 1.1
x=np.linspace(-t,t,100) ; y = np.linspace(-t,t,100)
u,v= np.meshgrid(x,y)
w = np.sin(v) - r*np.sin(u)
plt.figure(figsize=(5,5))
plt.xticks(fontsize=20)
plt.yticks(fontsize=20)
plt.contour(u,v,w,levels=[0])
```

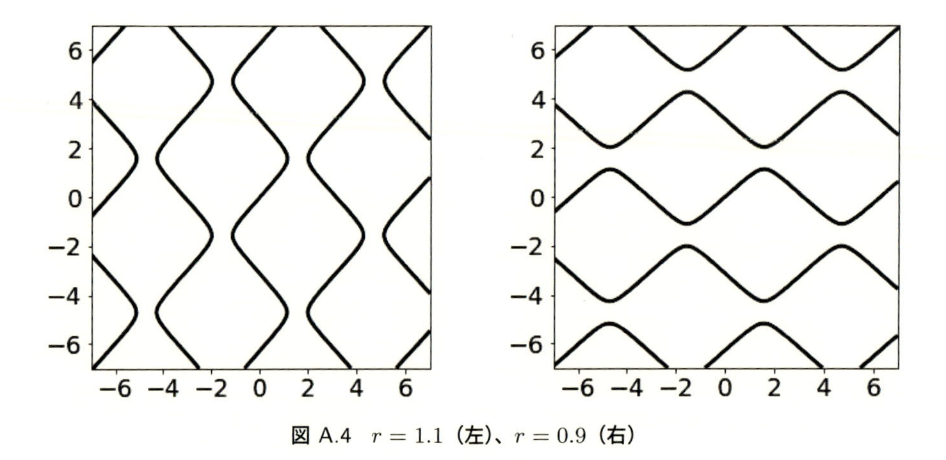

図 A.4　$r = 1.1$（左）、$r = 0.9$（右）

（問題 1–4–1、1–4–2 は省略）

問題 1–4–3：

これは次の関数を表している。

$$f(x) = \begin{cases} 1 & (x < 0) \\ 0 & (0 \leq x \leq 1) \\ -1 & (1 < x < 2) \\ 0 & (2 \leq x \leq 4) \\ 1 & (4 < x). \end{cases}$$

問題 1–4–4：
三辺の長さを a, b, c とし、面積を Δ、内接円の半径を r とすると、

$$r = \frac{2\Delta}{a+b+c} = \sqrt{\frac{(s-a)(s-b)(s-c)}{s}}$$

である。これから、次のようになる。

```
def f(x,y,z):
    s = (x+y+z)/2 ; t = (s-x)*(s-y)*(s-z)/s
    if t <= 0:
        print('三角形ではありません')
    else:
        return np.sqrt(t)
```

問題 1–4–5：
上と同じく、外接円の半径を R とすれば、正弦定理によって、

$$R = \frac{a}{2\sin A} = \frac{4abc}{\frac{1}{2}bc\sin A} = \frac{abc}{4\Delta}$$

であるから、次のようになる。

```
def f(x,y,z):
    s = (x+y+z)/2 ; t = s*(s-x)*(s-y)*(s-z)
    if t < 0:
        print('三角形ではありません')
    else:
        return x*y*z/4/np.sqrt(t)
```

（問題 1–4–6 は省略）

問題 1–4–7：
たとえば、次のようにすればよい。

```
def g(x):
    if x == 1:
        return x
    y = 1
    for i in range(2,x+1):
        y = y*i
    return y
def f(x):
    w = 0
    for i in range(1,x+1):
```

```
        w = w+g(i)
    return w
```

問題 1–4–8：

1 の位の数字を出力する関数は、次のようになる。

```
f = lambda x : x%10
```

10 の位の方は、次のようになる。

```
g = lambda x: ((x - x%10)//10)%10
```

問題 1–4–9：

```
def f(x):
    if x%5 > 0 and x%7 > 0:
        return 1
    else:
        return 0
```

後半は、or に変えればよい。

```
def f(x):
    if x%5 == 0 or x%7 == 0:
        return 1
    else:
        return 0
```

A.3　第 2 章

問題 2–1–1：

$5 \pm 2\sqrt{5}$ である。次のプログラムで確認できる。

```
a = [[1,2],[2,9]]
print(lin.eigvals(a))
print(5 - 2*np.sqrt(5), 5 + 2*np.sqrt(5))
```

問題 2–1–2：

プログラムは省略するが、この行列式は 1 である。ただし、丸め誤差が出ている。

(問題 2–1–3 は省略)

問題 2–1–4：

正しい答は -112 であるが、丸め誤差が出ている。行列式の定義を思い出そう。行列のすべての成分が整数ならばその行列式も整数でなければならない。しかし、ここではそうなっていない。ということは、行列式の定義に基づいて、すなわち、$1 \times 89 - 3 \times 67$ という簡単な式で計算しているわけではないということがわかる。じゃあ、どういう方法で計算しているのかというと話は長くなる。文献 [10] をご覧いただきたい。

問題 2–1–5：
$(1, -1, 2)$ が答である。

問題 2–1–6：
答は、$u = 7, v = 4, x = 3, y = 5, z = 6$ である。

問題 2–1–7：
この行列が直交行列であることを数値的に確かめるには、

```
x = 3**-0.5 ; y = 2**-0.5 ; z = x*y
a = np.array([[x,x,x],[z,-2*z,z],[y,0,-y]])
b = a.transpose()
np.dot(a,b)
```

とすれば、次のような答が返ってくる。

```
array([[ 1.00000000e+00,  1.69898471e-17, -3.39032612e-18],
       [ 1.69898471e-17,  1.00000000e+00,  1.84419141e-17],
       [-3.39032612e-18,  1.84419141e-17,  1.00000000e+00]])
```

対角成分以外のところには丸め誤差が残っているが、単位行列であると言ってよかろう。

問題 2–1–8：
次のプログラムで 2 を得る。

```
a = [[56,76,144,164],[52,47,118,113],[8,16,24,32],[2,1,4,3]]
lin.matrix_rank(np.matrix(a))
```

問題 2–2–1：
$i = 8$ では 10^{17} を超える巨大数となる。

問題 2–2–2：
行列式はそれぞれ、0.004000000000001643 と $4.918610731607332e - 15$ になる。条件数はそれぞれ、87966.42853011549,　$2.8325136325621532e + 16$ である。

問題 2–2–3：
次のようにプログラムする。

```
n = 5
a=np.zeros((n,n))
for i in range(n):
    for j in range(n):
        a[i][j]=1/(i+j+1)
1/lin.det(np.matrix(a))
------------------------------
266716799999.79767
```

これから、この数は 266716800000 であろうと見当がつく。後半は次のようになる。

```
array([[   16.,  -120.,   240.,  -140.],
       [ -120.,  1200., -2700.,  1680.],
       [  240., -2700.,  6480., -4200.],
       [ -140.,  1680., -4200.,  2800.]])
```

正確な値を計算するには 3.5 節の数式処理を使うしかない。

(問題 2–2–4、2–2–5、2–2–6 は省略)

問題 2–3–1：
最初の方は、

```
np.roots([30,-19,0,1])
------------------------------
array([ 0.5       ,  0.33333333, -0.2       ])
```

という答なので、$1/2, 1/3, -1/5$ であることがわかる。2 番目は次のようになる。

```
np.roots([2,-7,20,-26,35])
------------------------------
array([1.5 +1.6583124j , 1.5 -1.6583124j , 0.25+1.85404962j,
       0.25-1.85404962j])
```

これだけでは何もわからないが、3.5 節で使う因数分解を使えば、この多項式が $(x^2 - 3x + 5)(2x^2 - x + 7)$ であることがわかる。これを解くと上の数値の意味がわかる。

問題 2–3–2：
それぞれ、次のようになる。

```
np.roots([1,1,1,-90])
------------------------------
array([-2.55141618+3.92763812j, -2.55141618-3.92763812j, 4.10283235+0.j ])

np.roots([1,0,2,-30])
------------------------------
array([-1.44652184+2.8770256j, -1.44652184-2.8770256j, 2.89304368+0.j ])
```

問題 2–3–3：
np.roots を使うと、$2.09455148 + 0.\mathrm{j}$ となる。$x_0 = -6$ としてニュートン法を使うと、20 回くらいの反復でようやく収束する。$x_0 = -5$ から始めると 20 回反復しても収束しない。28 回くらい反復すると収束する。

問題 2–3–4：
$f(x) = \tanh x - \frac{1}{x}$ が $0 < x < \infty$ でただ一つの根を持つことを証明すればよい。一方、$\lim_{x\to 0} f(x) = -\infty$ で、$\lim_{x\to\infty} f(x) = 1$ であるから、中間値の定理によって解はある。$f'(x) = \frac{1}{\cosh^2 x} + \frac{1}{x^2}$ であるから単調増加関数である。したがって、解はただ一つである。数値は、$x \approx 1.1996786402577337$.

問題 2–3–5：

図 A.5 となる。1 と 2 の間に極小値があり、3 の近くに極大値が見える。導関数を計算すると、極値は $x^3 - 3x^2 + 3 = 0$ の根で達成される。numpy.roots で計算すると、極小値はだいたい 1.34729636 で、極大値は 2.53208889 で達成される。よってその極小値がおよそ 1.4155465 で、極大値はおよそ 1.528998 である。

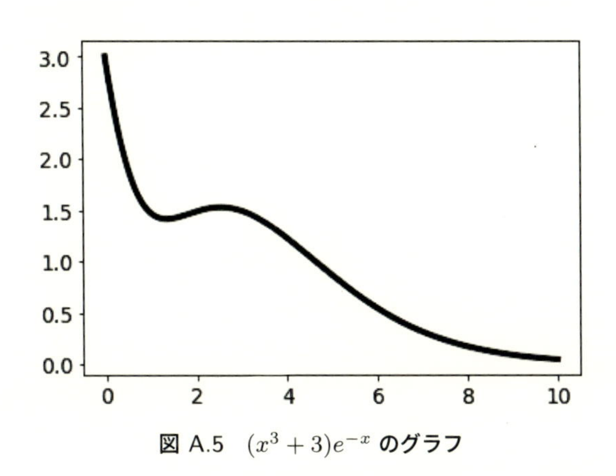

図 A.5 $(x^3 + 3)e^{-x}$ のグラフ

問題 2–3–6：

もちろんこの根は $x = 0$ であるが、だいたいゼロになるのは 20 回以上繰り返したときである。$x = -1$ から出発すると 6 回目には収束している。

問題 2–3–7：

ニュートン法で計算すると、$\tan x = x$ の $\pi < x < 3\pi/2$ における根はおよそ $x \approx 4.49340945790$ であることがわかる。一方。$\phi \approx 4.493811716$ であるから、4 桁合う。

ニュートン法で計算するとき、$f(x) = \tan x - x$ とすると、収束する初期値の範囲が狭い。$f(x) = \sin x - x\cos x$ とすると、こっちの方がより広い初期値に対して収束する。だから、数学的に同じであっても、こっちを使った方がよい。

問題 2–3–8：

```
np.roots([-1/5040,0,1/120,0,-1/6,0,1,0])
---------------------------------------------------
array([-4.43400537+1.84375239j, -4.43400537-1.84375239j,
       -3.0786423 +0.j        ,  4.43400537+1.84375239j,
        4.43400537-1.84375239j,  3.0786423 +0.j        ,
        0.        +0.j        ])
```

となるので、0 はよいが、$\pm\pi$ すら近くない。残りは虚数になる。

問題 2–3–9：

次のようにすれば、$1.2634644\cdots$ を得る。

```
np.roots([1,2,3,-9])
---------------------------------------------------
```

```
array([-1.63173222+2.11204196j, -1.63173222-2.11204196j,
        1.26346444+0.j
```

ニュートン法で計算してみると、1.2634644440828295 を得る。

問題 2–3–10：

そのまま計算しても大きすぎて無限大になるので、対数をとって、$x^2 = 10^{10}\log x$ の根を探す。$f(x) = x^2 - 10^{10}\log x$ と定義すると、$f(100000) < 0, f(400000) > 0$ がわかる。そこで、二分法で計算してみると、次のようになる。

```
f = lambda x : x**2 - 10**10*math.log(x)
x = 100000 ; y = 400000
for i in range(1,31):
    z = 0.5*(x+y)
    if f(z) <0:
        x = z
    else:
        y=z
    print(z)
```

答は $357591.18\cdots$ であることがわかる。二分法を使うと近似解の誤差限界がわかりやすいので、こうしたが、ニュートン法で計算してもよい。

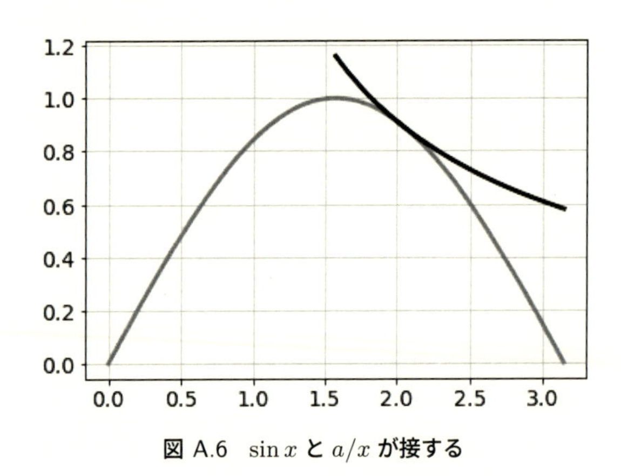

図 A.6　$\sin x$ と a/x が接する

問題 2–3–11：

接するのであるから、接点の座標を x とすれば、$x\sin x = a$ が満たされ、x は重根である。よって、$x\cos x + \sin x = 0$ も成り立たねばならない。この後者の根を $(\pi/2, \pi)$ で探す。

```
f = lambda x: x*np.cos(x) + np.sin(x)
g = lambda x: -x*np.sin(x) + 2*np.cos(x)
z = 2.0
for i in range(6):
    z = z - f(z)/g(z)
    print(z)
```

これによって、$x = 2.028757838110434$ と $a = x \sin x = 1.819705741159653$ を得る。
グラフを描いてみると図 A.6 のようになる。

問題 2–3–12：
関数 $f(x)$ は奇関数である。したがって、もし $x_1 = -x_0$ となれば、ニュートン列は $x_0. -x_0, x_0, -x_0, \cdots$ と周期的に続くことになる。図 A.7 を見よ。よって、次式が満たされればよい。$-x_0 = x_0 - \tanh x_0 \cdot \cosh^2 x_0$. そこで、$\xi = 2x_0$ とおけば $2\xi = \sinh\xi$ を得る。これを解けばよい。$\xi = 2.1773189849653067,\ x_0 = 1.0886594924826534$ を得る。

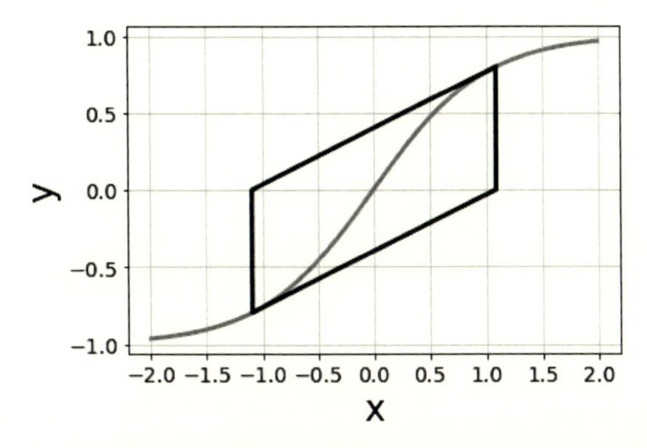

図 A.7 周期的に振動するニュートン列

問題 2–3–13：
実際 $x_1 = 1$ となり、$f'(x) = x^2 - 1$ であるから、$f'(x_1) = 0$.

問題 2–4–1：

```
a = np.sqrt(2)
f = lambda x : np.exp( - x*x)
b =integrate.quad(f,0,a)
b[0]*2/np.sqrt(np.pi)
------------------------------
0.9544997361036417
```

けっこう 1 に近い。

問題 2–4–2：

```
f = lambda x : np.exp( - x**3)
integrate.quad(f,0,np.inf)
------------------------------
(0.8929795115692494, 2.7455670773011267e-09)
```

問題 2–4–3：

```
print( ( 2+ np.pi - np.log(4))/4 )
f = lambda x : (1 + x**3)/(1+x*x)
```

```
integrate.quad(f,0,1)
-----------------------------
0.9388245731174756
(0.9388245731174756, 1.0423046571589052e-14)
```

だから、確かに精度はよい。

問題 2–4–4：

```
print( np.pi**2 /4 )
f = lambda x : x/np.sinh(x)
integrate.quad(f,0,np.inf)
-----------------------------
2.4674011002723395
(2.467401100272339, 1.1844797698870096e-09)
```

精度はよいが、警告を受ける。これは、大きい x について $(e^x - e^{-x})/2$ を計算しているからである。数学的にはまったく同じであるが、次のようにすると警告は受けない。数値もほとんど変わらない。

```
g = lambda x : 2*x*np.exp(-x)/( 1- np.exp(-2*x))
integrate.quad(g,0,np.inf)
```

問題 2–4–5：

```
f = lambda x : 1/( x**4 - x**3 + 2*x*x + x +15 )
integrate.quad(f,0,np.inf)
-----------------------------
(0.13792064901386636, 2.3665025793295932e-09)
```

(問題 2–4–6 は省略)

問題 2–4–7：

```
f = lambda x : np.log(1+x)/x
integrate.quad(f,0,99)
-----------------------------
(12.192421669033214, 3.6613207731845276e-08)
```

であるから、出ている数字は皆正しい。

問題 2–4–8：
最初の積分は非常に精度よく近似できている。2 番目は多少の誤差が入るがそれでも 10 桁以上合っている。

問題 2–4–9：

```
print(22/7 - np.pi)
f = lambda x: (x*(1-x))**4/(1+x*x)
integrate.quad(f,0,1)
-----------------------------
```

```
0.0012644892673496777
(0.0012644892673496187, 1.1126990906558069e-14)
```

問題 2–4–10：

(a)

```
f = lambda x : np.log( 1 + x**-2)
integrate.quad(f,0,np.inf)
-----------------------------
(3.1415926535898926, 1.1344125638856895e-10)
```

となるので、だいたい円周率に等しい。

(b)

```
print(np.pi/3)
f = lambda x: (np.sin(x)/x)**4
integrate.quad(f,0,np.inf)
-----------------------------
1.0471975511965976
(1.0471975467585581, 1.405658127760732e-07)
```

警告が出るが、8 桁合っている。

(c)

```
print(0.75*np.log(3))
f = lambda x: np.sin(x)**3/x**2
integrate.quad(f,0,np.inf)
-----------------------------
0.8239592165010823
(0.8242084418834024, 0.0016004854878353125)
```

警告されるし、誤差も小さくはない。二桁しか合わない。

問題 2–4–11：

```
f = lambda x :1/(x*(np.log(x))**2)
print(1/np.log(2))
integrate.quad(f,0,1/2)
-----------------------------------
1.4426950408889634
(1.4380056488656148, 0.0001732189570304854)
```

警告文は省略した。二桁しか合わないし、警告される。

問題 2–4–12：

次のようにすれば検証できる。

```
f = lambda x : np.arctan(np.sqrt(1 - np.tan(x)**2) )
w=integrate.quad(f,0,np.pi/4)
print(w[0]/np.pi)
-------------------------------------------------------
```

```
0.16991845472705575
```

問題 2–4–13：
そのままで integrate.quad を使うと、誤差の見積りが $2.367\cdots$ と言われてしまう。

```
f = lambda x: x**x
integrate.quad(f,1,10)
-----------------------------------------------------------
(3057488912.081857, 2.3670324558369296)
```

そこで次のような工夫をする。積分区間を $1 < x < 9$ と $9 < x < 10$ に分けるのである。こうすると、どちらの積分も誤差は小さくなる。

```
f = lambda x: x**x
x = integrate.quad(f,1,9)  ; y= integrate.quad(f,9,10)
print(x[0]+y[0], x[1]+y[1])
-----------------------------------------------------------
3057488912.081859 0.004159272591060791
```

誤差の見積りは 0.004 ちょっとである。結局 $(1, 10)$ で計算した値と変わらないので、誤差は大きく見積もりすぎていたということがわかる。この例では $1 < x < 9$ と $9 < x < 10$ に分けているが、9 にさしたる意味はない。8 で分けてもよい。

(問題 2–4–14 は省略)

A.4　第3章

問題 3–1–1：
$N = 13$ だと父親が若干有利で、$N = 14$ だと子供が若干有利。したがって、答は $N = 14$ である。

問題 3–1–2：
$a = 0.9$ とする。父親が勝つのは $a^N + Na^{N-1}(1-a)$ である。$N = 16$ とすると父親が若干有利で、$N = 17$ とすると子供が若干有利である。

問題 3–1–3：
それぞれおよそ、0.6651,　　0.61866,　　0.59734.

問題 3–1–4：
0.109375 と 0.0276184 である。

問題 3–1–5：
$10.326044\cdots$ といった数値になる。

問題 3–1–6：
$n = 0, 1, 2, \cdots, 50$ に対して、A さんが n 個の硬貨を得る確率は $2^{-50}\binom{50}{n}$ である。B さんが n 個の硬貨を得る確率は $2^{-51}\binom{51}{n}$ である。ゆえに求める確率は

$$\sum_{n=0}^{50} 2^{-101}\binom{50}{n}\binom{51}{n}$$

である。これを計算すると、

```
x = 0
for i in range(51):
    x = x + binom(50,i)*binom(51,i)
x*2**(-101)
------------------------------
0.07880895074612798
```

となる。約 7.9% である。

（問題 3–2–1 は省略）

問題 3–2–2：
たとえば、次のようにすればよい。

```
n = 10000
x = np.random.rand(n) ; y = np.random.rand(n) ; z = np.random.rand(n)
u = np.random.rand(n) ; v = np.random.rand(n) ; w = np.random.rand(n)
p = np.zeros(n)
for i in range(n):
    p[i] = np.sqrt((x[i]-u[i])**2 + (y[i]-v[i])**2 + (z[i]-w[i])**2)
np.mean(p)
```

0.66 程度の値が返ってくる。

問題 3–2–3：
面積は $\int_{1/2}^{1}\left(1-\frac{1}{2x}\right)dx = \frac{1}{2}(1-\log 2) \approx 0.1534264$ である。

```
n = 10000
x = np.random.rand(n) ; y = np.random.rand(n)
m = 0
for i in range(n):
    if 2*x[i]*y[i] > 1:
        m = m +1
print(m/n)
```

これで 0.153 程度の値が出ればよい。

問題 3–2–4：
次のようにやって、だいたい 7/8 に近い数字が出ればよい。

```
n = 7
x = np.random.rand(n)
print(max(x))
```

```
print(n/(n+1))
```

しかし、実際にはかなりずれることがわかる。平均をとらないと $n/(n+1)$ には近くならない。

問題 3–2–5：

```
g = 0 ; p = 2*np.pi ; n = 10000
for i in range(n):
    x = np.random.rand()
    y = np.random.rand()
    z = np.random.rand()
    g = g + np.sqrt( (np.cos(p*x)-y-1)**2 + (np.sin(p*x)-z)**2)
print(g/n)
-----------------------------------
1.7708468561153419
```

（問題 3–3–1、3–3–2 は省略）

問題 3–3–3：

```
m = 10001
r=np.zeros(1000)
for k in range(1000):
    x = np.zeros(m)
    for i in range(1,m):
        if np.random.rand() < 0.5:
            x[i] = x[i-1]-1
        else:
            x[i] = x[i-1]+1
    r[k] = abs(x[m-1])
print(np.mean(r))
```

問題 3–4–1：

```
import numpy as np
import numpy.polynomial.polynomial as npp
import matplotlib.pyplot as plt
x=np.array([158.7,162,167.5,175.1,179.8,190.3])
y=np.array([60.5,55.3,56.8,69.5,77.8,83.3])
z = npp.polyfit(x, y, 1)
print(z)
plt.scatter(x,y)
x1 = min(x) ; x2 = max(x)
u = [x1,x2]  ; v = [z[1]*x1 + z[0],z[1]*x2+z[0]]
plt.plot(u,v)
```

$A = 0.9105561,\ B = -89.62811209$ である。

（問題 3–4–2 は省略）

問題 3–5–1：

$x^5 + 4x^4 + 13x^3 + 8x^2 + 32x + 104 = (x+2)(x^2-2x+4)(x^2+4x+13)$ である。$x^3 - 3x + 4$

はまったく同じ答が返ってくるので、$\mathbb{Z}$ 上で既約であることがわかる。

(問題 3–5–2 は省略)

問題 3–5–3：
前半は次のようになる。

$$\frac{x}{2(x^2+1)}+\frac{1}{4(x+1)}+\frac{1}{4(x-1)}-\frac{1}{x}.$$

後半は、

$$\frac{5x+12}{99(x^2+2x+3)}-\frac{5x-12}{99(x^2-3x+5)}.$$

問題 3–5–4：
答は Python のバージョンに依存するかもしれないが、

```
sympy.integrate(1/sympy.cos(x))
```

とやると、

$$-\frac{\log(\sin x-1)}{2}+\frac{\log(\sin x+1)}{2}$$

が返ってくる。対数の中身は正でなければならないので、これではおかしい。もちろん、(手で) どう修正すればよいかはすぐに見当はつく。

(問題 3–5–5 は省略)

問題 3–5–6：
$\tan(\sin\theta)>\sin(\tan\theta)$ である。これを証明するには、$\tan(\sin\theta)-\sin(\tan\theta)$ のテイラー展開を求めればよい。
$\tan x$ の 7 次までのテイラー展開は

$$\tan x = x+\frac{1}{3}x^3+\frac{2}{15}x^5+\frac{17}{315}x^7+\cdots$$

であるから、

```
import sympy
x,y,z,a,b = sympy.symbols('x y z a b')
y = x - x**3/6 + x**5/120 - x**7/5040
z = y + y**3/3 + 2*y**5/15 + 17*y**7/315
a = x + x**3/3 + 2*x**5/15 + 17*x**7/315
b = a - a**3/6 + a**5/120 - a**7/5040
sympy.expand(z-b)
```

とすればよい。$\frac{1}{30}x^7+9$ 次以上の項 となるので、小さな x について正となることが結論できる。

(問題 3–5–7 は省略)

問題 3–5–8：

```
x, a, b =sympy.symbols('x a b')
x = sympy.Matrix([[a,a,a,a],[a,b,a,a],[a,a,b,a],[a,a,a,b]])
x.det()
```

答は、$-a^4+3a^3b-3a^2b^2+ab^3=a(-a+b)^3$ となる。
後半の答は $a^5-4a^4b+6a^3b^2-4a^2b^3+ab^4=a(a-b)^4$ である。

問題 3–5–9：

```
x, a, b, c =sympy.symbols('x a b c')
x = sympy.Matrix([[a,b-c,c+b],[a+c,b,c-a],[a-b,b+a,c]])
x.det()
```

とすれば、$a^3+a^2b+a^2c+ab^2+ac^2+b^3+b^2c+bc^2+c^3$ という答が返ってくる。因数分解もすれば $(a+b+c)(a^2+b^2+c^2)$ である。
後半は $2(a+b+c)^3$ である。

問題 3–5–10：

```
import numpy as np
import numpy.linalg as lin
u = np.array([[2,0,-3,1,4], [5,2,-1,3,2],[-3,-1,0,4,1],
[2,2,1,3,-2],[-2,-3,3,-2,4]])
lin.det(u)
-----------------------------
78.0
```

```
x = sympy.Matrix([[2,0,-3,1,4], [5,2,-1,3,2],[-3,-1,0,4,1],
[2,2,1,3,-2],[-2,-3,3,-2,4]])
x.det()
-----------------------------
78
```

.0 がつかない。

問題 3–5–11：
$2(ab+bc+ca)^2$ である。

問題 3–5–12：

$$2^{193}-1=13821503\cdot 61654440233248340616559\cdot 14732265321145317331353282383$$

$$2^{128}+1=59649589127497217\cdot 5704689200685129054721$$

(問題 3–5–13 は省略)

問題 3–5–14：
素因数分解すると、$1111111=239\times 4649$ であることがわかる。したがって、猫は 239 匹いた。文献 [30] には一般の n について, 1 が n 個並んだ自然数の素因数分解に関する面白い物語を載せている。たとえば 1 が 19 個並んだ数 1111111111111111111 がどう素因数分解するか原著出版当時の 1907 年ではわかっていなかった。sympy を使うとこれが素数であることが一瞬でわかる。1 が 23 個並んだ数も 37 個並んだ数も結論は知られていなかった。前者は素数であり、後者は素数ではない。

```
w = (10**37 - 1)//9
sympy.factorint(w)
-----------------------------
{247629013: 1, 2028119: 1, 2212394296770203368013: 1}
```

1 が 17 個並んだ数も合成数であるが、これを手で確認するのは難しいであろう。

問題 3–5–15：
sympy.factorint を使うと、$F_7 = 59649589127497217 \times 5704689200685129054721$ であることがわかる。また、ちょっと時間がかかるけれども、$F_8 = 1238926361552897 \times 93461639715357977769163558199606896584051237541638188580280321$ もわかる。

問題 3–5–16：
-8752948036761600000 である。次のように計算すればよい。

```
x = math.factorial(20)
y = -x
for i in range(2,21):
    y = y - x//i
print(y)
```

A.5　第 4 章

問題 4–1–1：
右の方が掛け算の回数が一つだけ少ないのでこっちの方が速い。

問題 4–1–2：
正確な値は $10^{-17} \times 10^7 = 10^{-10}$ であるから $9.999999999999999e - 11$ と出てきてほしいところであるが、丸め誤差のせいで精度が落ちる。1000 万回も計算しているからである。また、後半は、1 に 10^{-17} を加えても 1 のままであることがわかる。

問題 4–1–3：
11,　1364,　167761

問題 4–1–4：

$$2,\ 3,\ 5,\ 13,\ 89,\ 233,\ 1597,\ 28657,\ 514229,\ 433494437,\ 2971215073$$

素数の判定については 6.1 節と 6.2 節を参照せよ。

（問題 4-1-5 は省略）

問題 4–1–6：

```
a =0.1
print(np.cos(a))
for n in range(10,61):
    h = 2**-n
    w = ( np.sin(a + h)-np.sin(a))/h
    print(w)
```

としてみると、$n = 30$ くらいまでは $\cos(0.1)$ に収束していることがわかる。その後だんだんと増加に転じて $n = 49$ から $n = 56$ までは 1.0 になる。そして、$n \geq 57$ ではゼロになる。
この現象の背後にあるのは桁落ちである。h が小さくなると $\sin(0.1 + h)$ と $\sin(0.1)$ はほぼ等しくなるので桁落ちが起きる。
h がさらに小さくなると $0.1 + h$ は 0.1 と同じになってしまい、分子がゼロとなる。

問題 4–1–7：
これは、$y^2 < 25! + 1 < (y + 1)^2$ という自然数 y が存在することによって証明となる。

```
import math
x = math.factorial(25)+1
y = math.floor(math.sqrt(x))
print(y*y<x, x<(y+1)*(y+1))
----------------
True True
```

問題 4–1–8：
フィボナッチ数 $\{F_n\}$ を 40 番目まで計算し、画面に打ち出してみると、$F_{2n+1} = F_{n+1}^2 + F_n^2$ が予測される。これは実際に正しい。証明を見たければ、たとえば文献 [70] の 25 ページを見よ。また、式 (4.2) から証明することもできる。

問題 4–1–9：
次のプログラムで確認できる。

```
a = 1 ; b = 1
for i in range(100):
    c = a + b
    a,b = b,c
print(b/a, (math.sqrt(5)+1)*0.5  )
```

(問題 4–2–1 は省略)

問題 4–2–2：

```
n=0
for q in range(2,34):
    qq= min(q-1,math.floor(math.sqrt(1100-q*q)))
    for p in range(1,qq+1):
        a = q*q - p*p ; b = 2*p*q
        if math.gcd(a,b) == 1:
            n = n+1
```

```
print(n)
----------------------------------------
173
```

だから、173 組ある。

(問題 4–2–3 は省略)

問題 4–2–4：

(i) 次のようにすればよい。

```
for q in range(3,100):
    for p in range(1,q):
        x = q*q-p*p ; y = 2*p*q ; z = p*p + q*q
        if x+y+z == x*p*q:
            print(x,y,z)
----------------------------------------------
8 6 10
5 12 13
```

(ii) 次のようにすればよい。

```
for q in range(3,100):
    for p in range(1,q):
        x = q*q-p*p ; y = 2*p*q ; z = p*p + q*q
        s = x*y*z % (x*x+x*y+y*y)
        if s == 0:
            print(x,y,z)
----------------------------------------------
4107 5476 6845
```

問題 4–2–5：

次のプログラムによって、$y = 378661$ と $x = 5234$ を得る。

```
for i in range(1000):
    x = 5000 + i
    y = round( np.sqrt(x**3 + 17) )
    if y*y == x**3 + 17:
        print(y,x)
```

問題 4–3–1：

```
for t in range(3,21):
    for c in range(1,t):
        for b in range(1,c+1):
            if c**2+b**2 > t**2:
                break
            else:
                a=int(math.sqrt(t**2-c**2-b**2))
                if 0 < a and a <= b and a*a+b*b+c*c==t*t:
                    if math.gcd(a,b,c)==1:
                        print(a,b,c,t,'   ',end="")
```

```
----------------------------------------
1 2 2 3    2 3 6 7    4 4 7 9    1 4 8 9    6 6 7 11    2 6 9 11
3 4 12 13    2 10 11 15    2 5 14 15    8 9 12 17    1 12 12 17
6 10 15 19    6 6 17 19    1 6 18 19
```

したがって、そのような自然数の組は 14 組あることになる。t は奇数でなければならないことが証明できる[1]ので、3 から 19 までのすべての自然数について計算するのではなく、奇数についてのみ計算すればよい。だが、$t \leq 20$ 程度であれば一瞬にして計算は終わるので、あえてそれはしなかった。

問題 4–3–2：
$(a, b, c, t) = (17, 20, 20, 33)$ である。

問題 4–3–3：
三角形であるので、$a < b + c, b < c + a, c < a + b$ という不等式は成り立たねばならない。また、式 (4.5) を見れば、a, b, c はすべて偶数でなければならない。$a \geq b \geq c$ と仮定して一般性を失わない。そこで、プログラムを次のように組んでみる。

```
for i in range(1,159):
    for j in range(1,i+1):
        for k in range(i-j+1,min(i+j,j+1)):
            p = 2*((2*i)**2 + (2*j)**2 )-(2*k)**2
            q = 2*((2*j)**2 + (2*k)**2 )-(2*i)**2
            r = 2*((2*k)**2 + (2*i)**2 )-(2*j)**2
            if p>0 and q > 0 and r > 0:
                h = round(np.sqrt(p/4))
                f = round(np.sqrt(q/4))
                g = round(np.sqrt(r/4))
                if p==4*h*h and q ==4*f*f and r == 4*g*g:
                    print(2*i,2*j,2*k,f,g,h)
```

すると、オイラーの解以外に、$(a, b, c, h, f, g) = (174, 170, 136, 127, 131, 158)$ も解であることがわかる。

(問題 4–3–4 は省略)

問題 4–3–5：
次のように計算すると、$1 < x \leq y < 500$ の範囲で 5 組の解を得る。このうち、最初の解はラマヌジャンの 1729 に対応する。

```
for x in range(2,500):
    for y in range(x,500):
        w = x**3 + y**3 - 1
        z = round(w**(1/3))
        if x**3 + y**3 == z**3 + 1:
            print(x,y,z)
----------------------------------------
```

1　簡単に証明できるので興味のある人は自分で証明してみてほしい。

```
9 10 12
64 94 103
73 144 150
135 235 249
334 438 495
```

問題 4–3–6：

次のプログラムによって、$(x, y, z) = (-161, -54, 163), (-47, -24, 49), (-6, -5, 7), (0, 1, 1)$ を得る。

```
a = 200
for x in range(-a,a+1):
    for y in range(x,a+1):
        for z in range(y,a+1):
            if x**3 + y**3 + z**3 == 2:
                print(x,y,z)
```

問題 4–3–7：

四つとも 200 以下という条件で探しても上の組しか見つからない。250 まで範囲を広げるともう一組見つかる。

```
n=250
for x in range(n):
    for u in range(x+1,n):
        for v in range(u+1,n):
            for y in range(v+1,n):
                if x**4 + y**4 ==u**4 + v**4:
                    print(x,y,u,v)
------------------------------------------------
7 239 157 227
59 158 133 134
```

問題 4–3–8：

```
for a in range(3):
    for b in range(3):
        for c in range(5):
            for d in range(5):
                for e in range(6):
                    for f in range(7):
                        if 40*a + b*39 + 24*c + 23*d + 17*e + 16*f == 100:
                            print(a,b,c,d,e,f)
-----------------------------------------
0 0 0 0 4 2
```

よって、17 点を 4 回とって、16 点を 2 回とればよい。上の range() の中は、たとえば、40 点は $0, 1, 2$ 回のどれかであるし、39 点も同じで、24 点は 4 回まで、といった制約による。

問題 4–3–9：
前半は簡単で、$p = 17, q = 37, r = 21$ が見つかる。
後半は文献 [30] に $(p, q, r) = (415280564497, 676702467503, 348671682660)$ があげられているが、どうやって見つけたのかは書かれていない。

A.6　第5章

問題 5–1–1：
1/49 の場合と同じようにすれば よい。

$$0.00\dot{5}1020408163265306122448979591836734693877\dot{5}$$

問題 5–1–2：

```
x = Fraction(4913,3375) ; y = Fraction(21952,3375)
x + y + 5
```

とすれば、Fraction(324, 25) が返ってくる。これは 18/5 の二乗であることがわかる。

問題 5–1–3：

```
k = 20
for i in range (1,k):
    for j in range(1,k):
        x = Fraction(i,j)
        for m in range (1,k):
            for n in range(1,k):
                y = Fraction(m,n)
                if x+y == x**3 + y**3:
                    if m != n:
                        if x < y:
                            print(x,y)
```

これで、

$$\left(\frac{3}{7}, \frac{8}{7}\right), \quad \left(\frac{5}{7}, \frac{8}{7}\right), \quad \left(\frac{7}{13}, \frac{15}{13}\right), \quad \left(\frac{8}{13}, \frac{15}{13}\right)$$

が答であることがわかる。

問題 5–1–4：
Fraction を使って計算すると、$\displaystyle\sum_{n=1}^{N} \frac{n}{(n+1)!} = \frac{(N+1)! - 1}{(N+1)!}$ となることが容易に予想できる。後はこれを数学的帰納法で証明するだけである。

(問題 5–1–5、5–1–6 は省略)

問題 5–1–7：
math.ceil(math.exp(70)) とすると、2515438670919166879789330989056 という答が返ってく

る。これは正しくない。mpmath.exp(70) と入力すると、

$$2515438670919167006265781174252.1129\cdots$$

が返ってくるので、答は　2515438670919167006265781174253　である。

問題 5–1–8：
分数型 Fraction を使う。

$$\frac{217}{1000}+\frac{1}{10^4}+\frac{3}{10^5}+\frac{1}{10^6}+\frac{3}{10^7}+\cdots$$

であるから、

```
from fractions import Fraction
x = Fraction(217,1000) ; y = Fraction(13,100000)
x + y*Fraction(1,1-Fraction(1,100))
```

とすることによって、

$$\frac{2687}{12375}$$

が答とわかる。

問題 5–2–1：
$a_n < 0.1$ は $\log(10) + 1000\log(n+1) < n\log 2$ と同値である。このような n を探すと、

```
for n in range(1,20000):
    if 1000*np.log(n+1) - n*np.log(2) + np.log(10) < 0:
        print(n) ; break
```

これより、$n = 13751$ であることがわかる。

問題 5–2–2：
$\displaystyle\sum_{n=N+1}^{\infty}\frac{1}{n(\log n)^2} < \int_N^{\infty}\frac{dx}{x(\log x)^2} = \int_{\log N}^{\infty}\frac{du}{u^2} = \frac{1}{\log N}$ であるから、$1/\log N < 1/100$ であればよい。つまり、$100 < \log N$ であればよい。e^{100} を計算すると、$2.6881171418161212e+43$ となるので、1 正の 1000 倍 $= 10^{43}$ よりも大きくとることになる。これでは実用にならない。この級数の収束は**恐ろしく遅い**のである。

問題 5–2–3：
式 (5.8) を見て、次のようにする。12 ではなく 11 までとすると、微妙な数値となるのでもう一つとって 12 とする。

```
y = 1/49
(y/(1+y))**12*y
----------------------------------------
8.359183673469371e-23
```

問題 5–2–4：
6; 16 59 28 1 34 51 46 15 50　を 60 進法で計算すると、次のようになる。

```
6+16/60+ 59*60**-2 + 28*60**-3 + 1*60**-4 \
+ 34*60**-5 + 51*60**-6 + 46*60**-7 + 15*60**-8 + 50*60**-9
-----------------------------------------
6.283185307179593
```

したがって（$2\pi = 6.283185307179586$ なので）、最後の二つ以外は皆正しい。

問題 5–3–1：

ラグランジュ補間は標本点の個数を増やしていっても必ずしも収束するとは限らない。定義域を等間隔に分割して標本点を構成しても、収束しないことがある。こういった現象を最初に発見したのがルンゲという数学者だったので、これをルンゲ現象と呼ぶ。たとえば、$f(x) = 1/(x^2+1)$ では、$-1 \leq x \leq 1$ ではラグランジュ補間多項式は一様に収束してゆくが、$-5 \leq x \leq 5$ では、端点近くで発散する。

（問題 5–3–2 は省略）

問題 5–3–3：

これは次のプログラムを使ってグラフにしてみると、ほとんど一致し、違いは目に見えない（図 A.8）。誤差の最大値は 0.0003 程度の小ささである。この近似式がどうやって導かれたのか、我々著者は知らない。

```
f = lambda x: np.cos( np.pi * x/2)
g = lambda x: 1 - x*x/(x + (1-x)*np.sqrt((2-x)/3))
x = np.linspace(0,1,200)
y = f(x) ; z = g(x)
plt.grid()
plt.plot(x,y,linewidth=3)
plt.plot(x,z,color='black')
plt.xlabel('x', fontsize=24, fontname='Times New Toman', fontstyle='italic')
plt.ylabel('y', fontsize=24, fontname='Times New Toman', fontstyle='italic')
```

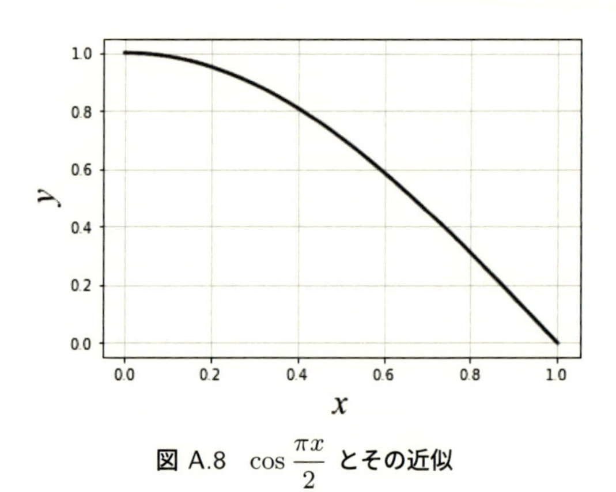

図 A.8 $\cos\frac{\pi x}{2}$ とその近似

問題 5–4–1：

式 (5.14) を台形公式を使って計算する。被積分関数 $f(x) = -x\exp(x - \exp(x))$ を描いてみると図 A.9 となる。ある程度絶対値の大きな x については $f(x)$ はほぼゼロであるとしてよい、その値が 10^{-15} 程度であれば無視できるとする。$a < 0 < b$ で $f(a)$ も $f(b)$ もその絶対値が 10^{-15} よりも小さいものを選ぶ。そして、$\int_a^b f(x)dx$ を台形公式を使って近似する。つまり、自然数 M をうまくとって、$h = (b-a)/M$ とし、

$$\int_a^b f(x)dx \approx h \sum_{n=0}^{M-1} f(a+nh)$$

によって近似値を計算するのである。f の値を調べてみると、$a = -40, b = 4$ ならば十分であるということが見て取れる。

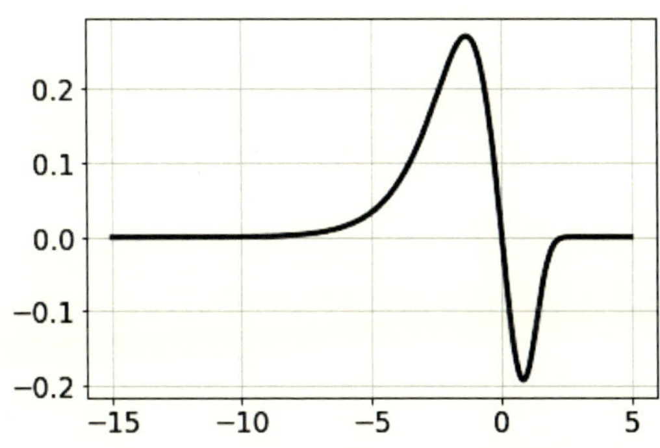

図 A.9　$y = f(x) = -x\exp(x - \exp(x))$ のグラフ

```
f = lambda x: -x*np.exp(x-np.exp(x))
h = 0.1
w = 0
for i in range(440):
    w = w + f(-40 + i*h)
print(h*w)
------------------------------------
0.5772156649015325
```

こうして計算すると、結果は大変よい。

問題 5–4–2：

これを示すには、

$$\int_1^N \frac{\{x\}}{x^2}dx = \sum_{n=1}^{N-1} \int_n^{n+1} \frac{\{x\}}{x^2}dx = \sum_{n=1}^{N-1} \int_0^1 \frac{t}{(n+t)^2}dt = \sum_{n=1}^{N-1} \left[\log(n+t) + \frac{n}{n+t}\right]_0^1$$

$$= \sum_{n=1}^{N-1} \left(\log\frac{n+1}{n} - \frac{1}{n+1}\right) = \log N - \frac{1}{2} - \frac{1}{3} - \frac{1}{4} - \cdots - \frac{1}{N}.$$

ここで $N \to \infty$ とすると結論を得る。

この式は γ の数値計算には向かない。

A.7　第6章

問題 6–1–1：

integrate.quad を使うと、(78626.50399563229, 0.00096981214301195) と返ってくる。

問題 6–1–2：

333333331 は素数ではない。ちなみに 555555555551 は素数である。

問題 6–1–3：

$n = 8$ までは素数であるが、$n = 9$ のときには素数でない。

問題 6–1–4：

$2 * 3 * 5 * 7 * 11 * 13 + 1 = 59 * 509$ が反例となる。他にも反例はある。

問題 6–1–5：

素数定理を使えばよい。$\displaystyle\int_{10^6}^{10^7} \frac{1}{\log x} dx$ を計算すればよい。

```
import numpy as np
from scipy import integrate
a = 10**6  ;  b = 10**7
f = lambda x : 1/np.log(x)
integrate.quad(f,a,b)
------------------------------------------
(586290.8558891068, 4.664517505514632e-06)
```

よって、約 58 万 6 千個である。

(問題 6–2–1 は省略)

問題 6–2–2：

```
m = 100
x = np.arange(1,m+1) ; y = np.zeros(m)
for i in range(m):
    y[i] = pc(i+1)
plt.plot(x,y,marker='o', linestyle='none')
```

これで図 6.1 を得る。

問題 6–2–3：

前章のリストを見ると、8 組あることがわかる。だが、人間の目で見ると間違う可能性がある。数えるのもコンピュータにさせることもできる。本文で書いたようにして、100 以下の素数のリスト x をつくると、次のようになる。

```
w = 0
u = len(x)
for i in range(2,u):
    if x[i]-x[i-1]==2:
        w = w + 1
print(w)
```

これで8個であることがわかる。

(問題6–3–1、6–3–2は省略)

問題6–3–3：
次のようにすればよい。

```
n = 500 ; n2=n//2 ; m = 10000 ; p = 2000
w =[0]*p
for q in range(p):
    x = np.zeros(n) ; y = np.ones(n)
    for i in range(1,m):
        j = rand.randint(0,n-1) ; k = rand.randint(0,n-1)
        x[j],y[k] = y[k],x[j]
        if sum(x) > n2-1:
            w[q] = i
            break
print(np.mean(w))
plt.plot(w)
```

問題6–4–1：
微分すればわかるように、$2\cos x - x\sin x = 0$ の根を求める必要がある。$x \approx 1.0768739863118038$ を得る。

問題6–4–2：
初期値を $x = 0, y = 1$ とすると、近似解 $x = 0.08918143217725044, y = 1.412806899784046$ を得る。

問題6–4–3：
以下のようにして収束を見ることができる。

```
a = 120/np.pi ; b = 2.5
f = lambda x,y: x**2 - 3*y**2 + 4*b*y - 2*b*b - a
g = lambda x,y: (y-b)*(x+y)**2 - 4*x*y*(x-y)
fx = lambda x: 2*x
fy = lambda y: -6*y + 4*b
gx = lambda x,y: 6*y*(y-x) - 2*b*(x+y)
gy = lambda x,y: 3*(y*y + 4*x*y - x*x) - 2*b*(x+y)
x = 11 ; y = 6.5
for i in range(10):
    w = [f(x,y),g(x,y)]
    aa = [[fx(x),fy(y)],[gx(x,y),gy(x,y)]]
    u = lin.solve(aa,w)
    x = x- u[0] ; y = y - u[1] ; print(x,y)
```

問題 6–4–4：
題意より、$a = 900, b = 700$ と置いたとき、次の連立方程式を解けばよい。

$$x^3 + z^3 - a, \qquad y^3 + z^3 - b, \qquad x^2 + y^2 - z^2 = 0.$$

ニュートン法を使い、次のプログラムで計算できる。

```
a = 900 ;  b = 700
f = lambda x,y,z: x**3 + z**3 - a
g = lambda x,y,z: y**3 + z**3 - b
h = lambda x,y,z: x**2 + y**2 - z**2
fx = lambda x: 3*x*x ; fz = lambda z: 3*z*z
gy = lambda y: 3*y*y ; gz = lambda z: 3*z*z
hx = lambda x: 2*x  ; hy = lambda y: 2*y ; hz = lambda z : -2*z
x = 10 ; y = 10 ; z = 10
for  i in range(8):
    w = [f(x,y,z),g(x,y,z),h(x,y,z)]
    t = [[fx(x),0,fz(z)],[0,gy(y),gz(z)],[hx(x),hy(y),hz(z)]]
    u = lin.solve(t,w)
    x = x- u[0] ; y = y - u[1] ; z = z - u[2] ; print(x,y,z)
```

結果は 6.804168603828044　4.863093866985653　8.363395981802652 という数値となる。

問題 6–4–5：
$BE = u, CF = v, a = 3817, b = 5572$ とおくと次の方程式を得る。

$$x^3 + z^3 = a, \quad x^3 + y^3 = b, \quad x^2 = 12^2 + u^2, \quad (12 - u)^2 + v^2 = z^2, \quad (12 - v)^2 + 12^2 = y^2.$$

プログラムは省略するが、5 変数のニュートン法で解けばよい。答は、

15.000255860664998　12.999659342365643　7.61641932094391

となる。

問題 6–4–6：
0.8434117570376 と 0.87719569198254 という二つの近似値を得ることは得る。しかし、収束はそれほどよくはない。この $a = 0.5608$ というのは次のように選んである。すなわち、$x\cos x$ の $0 \leq x \leq \pi/2$ における最大値を計算してみると、およそ $a^* = 0.5610963381910451$ となることがわかる。この値だと $y = x\cos x$ という曲線と $y = a^*$ という直線は接することになる。a は a^* よりも少しだけ小さいので、二つの解があるわけだが、そこで導関数の値が小さい。したがって、ニュートン法は収束しにくくなる。

問題 6–5–1：
たとえば、

```
w = 0.5
for i in range(300):
    w = 3.2*w*(1-w)
    if i > 294:
        print(w)
-------------------------------
```

```
0.5130445095326298
0.7994554904673701
0.5130445095326298
0.7994554904673701
0.5130445095326298
```

となるので、答は0.7994554904673701だとわかる。

問題 6–5–2：

```
f = lambda x: 3.2*x*(1-x)
x = np.linspace(0,1,200)
y = f(f(x))
plt.grid()
plt.plot(x,y,linewidth=3)
plt.plot(x,x,linewidth=3)
plt.xlabel('x',fontsize=24,fontfamily='Times New Roman')
plt.ylabel('f(f(x))',fontsize=24,fontfamily='Times New Roman')
```

こうすると図A.10を得る。交点が四つ現れるが、左から1番目と3番目は不安定な平衡点で、2番目と4番目のペアが2重周期点である。

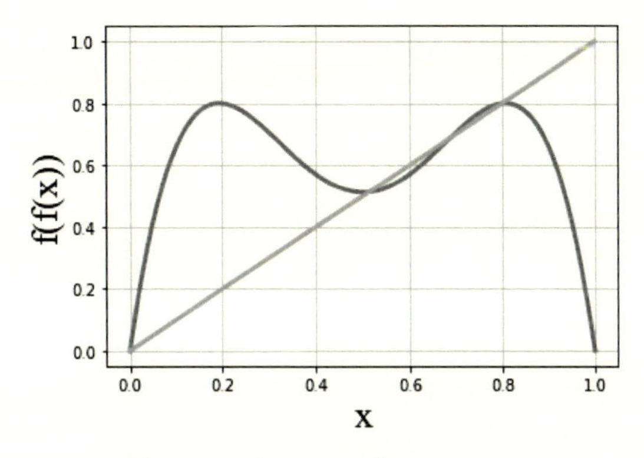

図 A.10 $f(f(x))$ のグラフと $y = x$

(問題6–5–3は省略)

問題 6–5–4：

```
a = 2.9 ; m = 50
f = lambda x: x*np.exp( a*(1-x))
z = np.zeros(m)
z[0]=1.2
for i in range(1,m):
    z[i] = f(z[i-1])
plt.plot(z)
```

とし、a を変えてみると、図A.11を得る。$a = 1.6$ では平衡点に収束する。$a = 2.2$ では周期解に収束する。$a = 2.6$ では4重周期解になる。$a = 2.7$ では8重周期解になる。$a = 2.9$ でカオス的である。

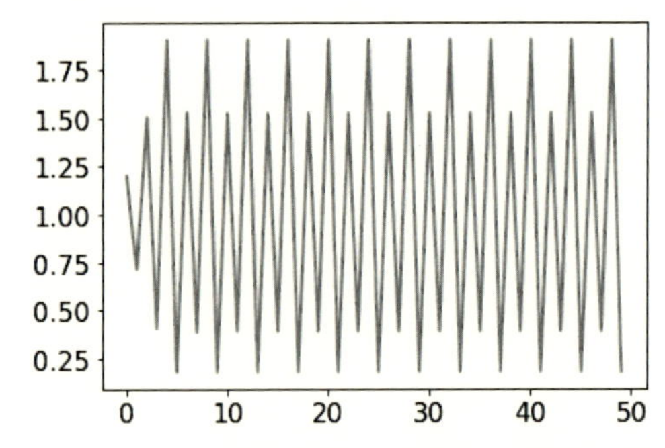

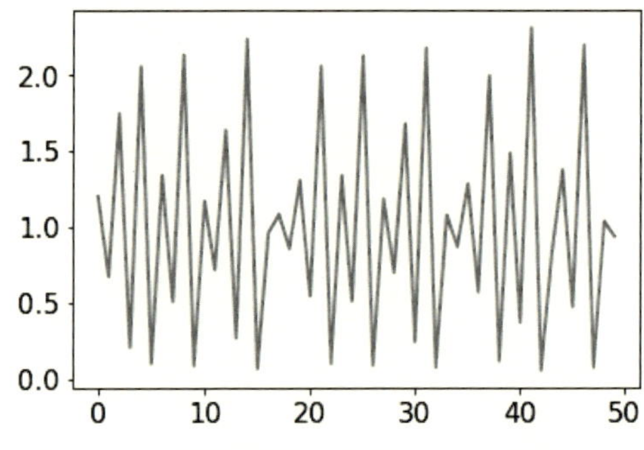

図 A.11　メイのモデル、横軸は i, 縦軸は $x[i]$ を表す（右は $a = 2.9$ の場合で、左は $a = 2.6$ の場合である）

（問題 6–5–5 は省略）

問題 6–6–1：

次のようにしてみればよい。共通因子があることがわかる。共通因子は $x^2 + 3x + 11$ である。

```
p = x**4 +x**3 -12*x*x - 73*x - 187
q = x**4 + 5*x**3 - 29*x - 187
sympy.resultant(p,q)
```

問題 6–6–2：

まず、内接なのだから $0 < a < 1, 0 < b < 1$ であることに注意する。

二つの式から y を消去して x のみの式をつくり、根号を外す、という作業をしてもよいが、次のようにする方が簡単である。$\xi = x^{2/3}, \eta = y^{2/3}$ とおくと、

$$\xi + \eta - 1 = 0, \qquad b^2\xi^3 + a^2\eta^3 - a^2b^2 = 0$$

を得る。これから η を消去して、

$$(a^2 - b^2)\xi^3 - 3a^2\xi^2 + 3a^2\xi - a^2 + a^2b^2 = 0$$

が重根を持てばよい。そこで、この判別式を計算すると、

```
t=(a*a - b*b)*x**3 - 3*a*a*x**2 + 3*a*a*x - a**2*(1 - b*b)
sympy.factor(sympy.discriminant(t))
```

が

$$-27a^4b^4(a - b - 1)(a - b + 1)(a + b - 1)(a + b + 1)$$

を返してくる。このうち $0 < a, b < 1$ を満たすのは $a + b - 1 = 0$ に限る。

問題 6–6–3：

与えられた条件から、円は $(x - (a - r))^2 + (y - (b - r))^2 = r^2$ とおくことができる。したがって、$y = \frac{b}{a}\sqrt{a^2 - x^2}$ と $y = b - r + \sqrt{r^2 - (x - a + r)^2}$ が接するわけだから、

$\frac{b}{a}\sqrt{a^2-x^2} = b - r + \sqrt{r^2-(x-a+r)^2}$ が重根を持つ条件を求めればよい。根号を外すと、

$$\left[(a^2-b^2)x^2 + 2a^2(r-a)x + a^2(a^2+b^2+(b-r)^2)\right]^2 = 4a^2b^2(b-r)^2(a^2-x^2)$$

を得る。これの判別式を Python で計算させると、r に関する次の 4 次方程式を得る。

$$r^4 - 4(a+b)r^3 + (4a^2+6ab+4b^2)r^2 - 4ab(a+b)r + a^2b^2 = 0.$$

これを r^2 で割ると、

$$r^2 - 4(a+b)r + (4a^2+6ab+4b^2) - 4ab(a+b)r^{-1} + a^2b^2r^{-2} = 0$$

となる。$X = r + abr^{-1}$ とおけば、上の方程式は次の X の 2 次方程式になる。

$$X^2 - 4(a+b)X + 4(a+b)^2 - 4ab = 0.$$

これから $X = 2(a+b+\sqrt{ab})$ を得る。これは r に関する 2 次方程式であるから、それを解くと結論を得る。

あとがき

本書は Python をブラックボックスのように使っており、そのプログラムの中でどういうアルゴリズムが使われているのかはわからない。伝統的な数値解析の教科書にはそうしたことが書かれてきたが、本書はコンピュータ初心者のための自習帳のようなものなので、「とりあえず専門家を信用しておく」という立場に立つ。物足りないと感じるならば文献 [3] や [6] や [2] を参照してほしい。なお、本書では微分方程式の数値計算という大事な分野にまったくふれていない。これは、専門的な数学を学んでからの方がよいと思ったからである。また、微分方程式の数値解析には良書が多く、ここで紹介するまでもないというふうにも考えたからである。微分方程式の知識も持たずにその数値計算だけやるというのは無謀であろう。

この本の一番の魅力は、豊富な例題と演習問題（具体例）であると自負している。まずは各自が手を動かして答を出す。その過程で数学の世界が見えてくる（もちろん、知りたいという意欲が必要で、ただ単位が欲しいだけで解いていては見えてこない）。それが一般論への入り口となり、普通ではハードルが高い分野でもコンピュータを使うことで気軽に踏み込めるようになるはずだ。こういう数学の学び方があってもよかろう。

最後に、現在の著者たちの気持ちとほぼ同じものをデカルトの方法序説（文献 [13]）に見つけたので、これを引用して本書を終わりたい。

> このように私の目的は、自分の理性を正しく導くために従うべき万人向けの方法をここで教えることではなく、どのように自分の理性を導こうと努力したかを見せるだけなのである。（中略）どんなに小さな点においても誤るところがあれば、その点で非難されることになる。けれども、この書は一つの話として、あるいは、一つの寓話といってもよいが、そういうものとしてだけお見せするのであり、そこには真似てよい手本とともに従わないほうがよい例も数多く見られるだろう。そのようにお見せしてわたしが期待するのは、この書がだれにも無害で、しかも人によっては有益であり、またすべての人がわたしのこの率直さをよしとしてくれることである。

2025 年 2 月
岡本 久・柳澤 優香

参考文献

[1] 伊理 正夫 & 藤野 和建, 数値計算の常識, 共立出版, (1985).

[2] 岡本 久, 最大最小の物語, サイエンス社, (2019).

[3] 長田 直樹, 数値解析　非線形方程式と数値積分, 現代数学社, (2024).

[4] 長田 直樹, 沢口一之編『古今算法記』の遺題を巡って, 数理解析研究所講究録別冊 B81, (2020), 1–31.

[5] 神永 正博, 現代暗号入門, 講談社ブルーバックス, (2017).

[6] 國府 寛司, 力学系の基礎, 朝倉書店, (2000).

[7] 齊藤 宣一, 数値解析, 共立出版, (2017).

[8] 杉田 洋, 確率と乱数, 数学書房, (2014).

[9] 杉原 正顯, Good lattice point を用いた多重数値積分, 京都大学数理解析研究所講究録, 483 巻, (1983), 249–283.

[10] 杉原 正顯 & 室田 一雄, 線形計算の数理, 岩波書店, (2009).

[11] 杉原 正顯 & 室田 一雄, 数値計算法の数理, 岩波書店, (1994).

[12] 高木 貞治, 代数学講義 改訂新版, 共立出版, (1965).

[13] デカルト, 谷川 多佳子（訳）方法序説, ワイド版岩波文庫, (2001).

[14] 長岡 亮介 & 岡本 久（編集），（新訂）数学とコンピュータ, 放送大学教材, 放送大学教育振興会, (2006).

[15] Jean-Paul Delahaye （原著） 畑 政義 （翻訳）, π—魅惑の数, 朝倉書店, (2001).

[16] 林 鶴一, 和算に於ける不定方程式 $x^3 + y^3 + z^3 = u^3$ の解法に就いて, 東北数学雑誌, **10**, (1916), 15–27.

[17] ペートル ベックマン, π の歴史, ちくま学芸文庫, (2006)

[18] 森 正武, 数値解析 第 2 版, 共立出版, (2002).

[19] 森口 繁一, 応用数学夜話, 日科技連出版社, (1978). ちくま学芸文庫, (2011).

[20] 柳澤 優香, 任意精度演算を用いた反復改良による数値計算手法, 応用数理, **29**, (2019), 4–11.

[21] R. S. Anderssen, et al. Concerning $\int_0^1 \cdots \int_0^1 (x_1^2 + \cdots + x_k^2)^{1/2} dx_1 \cdots , dx_k$ and a Taylor Series Method, *SIAM J. Appl. Math.*, **30**, (1976), 22–30.

[22] P. T. Bateman and H. G. Diamond, A hundred years of prime numbers, *Amer. Math. Month.* **103**, (1996), 729–741.

[23] G. Blom, L. Holst, and D. Sandell, Problems and Snapshots from the World of Probability, *Springer*, (1994).

[24] R. P. Brent, Computation of the regular continued fraction for Euler's constant, *Math. Comp.*, **31**, (1977), 771–777.

[25] M.-D. Choi, Tricks or treats with the Hilbert matrix, *Amer. Math. Month.*, **90**, (1983), 301–312.

[26] D. P. Dalzell, On $\frac{22}{7}$, *J. Lond. Math. Soc.*, **19**, (1944), 133–134.

[27] P. J. Davis, Interpolation and Approximation, *Dover*, (2014). （1963 年原著のこの補間理論の教科書は何度も再版されている。）

[28] J. Derbyshire, Prime Obsession: Berhhard Riemann and the Greatest Unsolved Problem in Mathematics, *Joseph Henry Press*, (2003). （邦訳もある。）

[29] L. E. Dickson, History of the Theory of Numbers, Volume II, *Dover*, (2005).

[30] H. E. Dudeney, The Canterbury Puzzles, *Dover*, (1958).

[31] N. D. Elkies, On $A^4 + B^4 + C^4 = D^4$, *Math. Comp.*, **51** (1988), 825–835.

[32] L. Euler, (Transl. J. Hewlett), Elements of Algebra, Cambridge Univ. Press, (2009).

[33] M. Gardner（編集）, More Mathematical Puzzles of Sam Loyd, Dover, (1960).

[34] M. Gardner, Hexaflexagons, Probability Pradoxes, and the Tower of Hanoi, *Camb. Univ. Press*, (2008).

[35] M. Gardner, Sphere Packing, Lewis Carroll, and Reversi, *Camb. Univ. Press*, (2009).

[36] C. F. Gauss, Werke, II, Georg Olms Verlag, (1973).

[37] J. W. L. Glaisher, On the history of Euler's constant, *Messenger of Mathematics*, **1**, (1872), 25–30.

[38] G. H. Golub and C. F. van Loan, Matrix Computations, John Hopkins Univ. Press, (1983).

[39] P. Gorroochurn, Classic Problems of Probability, *Wiley*, (2012).
[40] R. Guy, Unsolved Problems in Number Theory 3rd Ed., *Springer*, (2004).
[41] R. K. Guy, The strong law of small numbers, *Amer. Math. Month.*, **95**, (1988), 697–712.
[42] G. H. Hardy, A Course of Pure Mathematics, 10th ed., *Camb. Univ. Press*, (2005).
[43] G. H. Hardy, Ramanujan, *Camb. Univ. Press*, (1940), AMS-Chelsea, (1999).
[44] G. H. Hardy, P. V. Seshu Aiyar, and B. M. Wilson, Collected Papers of Srinivasa Ramanujan, *AMS Chelsea*, (1962).
[45] J. Havil, Gamma, *Princeton Univ. Press*, (2003).
[46] M. Hénon, A two-dimensional mapping with a strange attractor, *Commun. Math. Phys.*, **50**, (1976), 69–77.
[47] K. S. Kedlaya, B. Poonen, and R. Vakil, The William Lowell Putnam Mathematical Competition 1985–2000, *Math. Assoc. Amer.* , (2002).
[48] K. S. Kedlaya et al., The William Lowell Putnam Mathematical Competition 2001–2016, *MAA Press*, (2020).
[49] J.D.E. Konhauser, D. Velleman, and S. Wagon, Which way did the bicycle go? *Math. Assoc. Amer.*, (1996).
[50] D. E. Knuth, Euler's constant to 1271 places, *Math.Comp.*, **16**, (1962), 275–281.
[51] L. J. Lander and T. R. Parkin, A counterexample to Euler's sum of powers conjecture, *Math. Comp.*, **21**, (1967), 101–103.
[52] T.-Y. Li and J. A. Yorke, Period Three Implies Chaos, *Amer. Math. Month.*, **82**, No. 10, (1975), 985–992.
[53] N. Mackinnon, Another surprising appearance of e, *Math. Gaz.*, **74**, (1990), 167–169.
[54] T. A. McMahon, Rowing: a similarity analysis, *Science*, (1971), 349–351.
[55] R. M. May, Biological populations with nonoverlapping generations: stable points, stable cycles, and chaos, *Science*, **186**, (1974), 645–647.
[56] R. A. Mollin, A Brief History of Factoring and Primality Testing B. C. (Before Computers), *Math. Mag.*, **75**, (2002), 18–29.
[57] F. Mosteller, Fifty Challenging Problems in Probability with Solutions, *Dover*, (1987).
[58] P. J. Nahin, Duelling Idiots and Other Probability Puzzlers, *Princeton Univ. Press*, (2000).
[59] P. J. Nahin, Degital Dice, *Princeton Univ. Press*, (2008).
[60] H. Niederreiter, Random Number Generation and Quasi-Monte Carlo Methods, *Society for Indust. Appl. Math.*, (1992).
[61] H. J. Oser, An Average Distance, *SIAM Review*, **17**, (1975), 566.
[62] K. Pearson, The Problem of the Random Walk, *Nature*, **72**, (1905), 294.
[63] S. Ramanujan, Modular equations and approximations to π, *Quart. J. Math.*, **45**, (1914), 350–372.
[64] S. M. Rump, A class of arbitrarily ill conditioned floating-point matrices, *SIAM J. Matrix Anal. Appl.*, **12**, (1991), 645–653.
[65] L. R. Scott, Numerical Analysis, *Princeton Univ. Press*, (2011) .
[66] W. Sierpinski, Pythagorean Triangles, *Dover*, (2011).
[67] S. Singh, The Code Book: The Science of Secrecy from Ancient Egypt to Quantum Cryptography, *Anchor*, (1999). 和訳： サイモン シン, 暗号解読（上, 下）, 新潮文庫, (2007).
[68] I. H. Sloan and S. Joe, Lattice Methods for Multiple Integration, *Oxford Univ. Press*, (1994).
[69] B. W. Tuchman, The Zimmermann Telegram, *Random House*, (1985). 和訳：バーバラ・W. タックマン, 決定的瞬間—暗号が世界を変えた, ちくま学芸文庫, (2008).
[70] S. Vajda, Fibonacci and Lucas Numbers, and the Golden Section, *Dover*, (2008).
[71] D. Velleman and S. Wagon, Bicycle or Unicycle? *Math. Assoc. Amer.*, (2020).
[72] G. N. Watson, The problem of the square pyramid, *Messenger of Math.*, **48**, (1918), 1–22.
[73] J. H. Wilkinson, The Algebraic Eigenvalue Problem, *Clarendon Press*, (1965).
[74] R. M. Young, Excursions in Calculus, *Math. Assoc. Amer.*, (1992).

索引

著者紹介

岡本 久（おかもと ひさし）

1956年　三重県に生まれる。
1979年　東京大学理学部数学科卒業
1994年　京都大学数理解析研究所教授
2017年　京都大学名誉教授
2017年　学習院大学理学部教授
2019年6月～2021年6月　日本応用数理学会会長。
日本応用数理学会名誉会員：フェロー。日本流体力学会フェロー。
日本数学会会員、数学教育学会会員。
著書：『関数とは何か』（共著）、『日常現象からの解析学』、『関数解析』（岩波書店、共著）、『最大最小の物語』（サイエンス社）

柳澤 優香（やなぎさわ ゆうか）

2013年東京女子大学大学院理学研究科博士前期課程修了後、2016年早稲田大学大学院基幹理工学研究科博士後期課程を修了し、博士（工学）を取得。2019年まで早稲田大学理工学術院総合研究所研究院講師として従事。現在、学習院大学、東京都立大学の非常勤講師として数学や数値計算の授業を担当。また、神奈川県立高等学校でも数学を教えている。一人でも多くの子どもたちにコンピュータで数学を解く面白さを伝えたく、活動している。

◎本書スタッフ
編集長：石井 沙知
編集：赤木 恭平
組版協力：阿瀬 はる美
表紙デザイン：tplot.inc 中沢 岳志
技術開発・システム支援：インプレス NextPublishing

●本書の内容についてのお問い合わせ先
近代科学社Digital　メール窓口
kdd-info@kindaikagaku.co.jp
件名に「『本書名』問い合わせ係」と明記してお送りください。
電話やFAX、郵便でのご質問にはお答えできません。返信までには、しばらくお時間をいただく場合があります。なお、本書の範囲を超えるご質問にはお答えしかねますので、あらかじめご了承ください。

Pythonを使った数値計算入門
数論から円周率、分子の拡散まで

2025年2月21日　初版発行Ver.1.0

著　者　岡本 久,柳澤 優香
発行人　大塚 浩昭
発　行　近代科学社Digital
販　売　株式会社 近代科学社
〒101-0051
東京都千代田区神田神保町1丁目105番地
https://www.kindaikagaku.co.jp

印刷・製本　京葉流通倉庫株式会社
Printed in Japan

ISBN978-4-7649-0724-9